AF233974

RECHERCHES PHILOSOPHIQUES

SUR L'ÉVIDENCE

DES VÉRITÉS

GÉOMÉTRIQUES,

Avec un projet de nouveaux Élémens de Géométrie.

A AMSTERDAM,

& se trouve

A PARIS,

Chez KNAPEN & DELAGUETTE, Libraires-
Imprimeur, au bas du Pont S. Michel.

M. DCC. LXXIII.

RECHERCHES PHILOSOPHIQUES

SUR L'ÉVIDENCE

DES VÉRITÉS

GÉOMÉTRIQUES,

Avec un projet de nouveaux Élémens de Géométrie.

A AMSTERDAM,

& se trouve

A PARIS,

Chez KNAPEN & DELAGUETTE, Libraires-
Imprimeur, au bas du Pont S. Michel.

M. DCC. LXXIII.

PRÉLIMINAIRES,

OU

EXAMEN DES AVANTAGES

DE LA GÉOMÉTRIE

SUR LA MÉTAPHYSIQUE.

ON sera peut-être surpris qu'il soit nécessaire de prouver l'évidence des vérités géométriques ; mais cette surprise ne peut affecter que ceux qui ne sont pas versés dans l'étude de la Géométrie ; car cette Science répand, par ses abstractions métaphysiques, des doutes jusque sur les démonstrations les plus lumineuses, parce qu'elle ne se borne pas aux connoissances que nous pou-

a

vons acquérir avec certitude, & au
de-là defquelles on ne peut atteindre qu'à de vaines fpéculations qui
en impofent, & qui ajoutent l'erreur à notre ignorance. Nous ne devons donc pas étendre nos recherches au de-là des limites qui nous
font prefcrites par la nature ; mais
ces limites renferment un fonds iné-
puifable de vérités, par lefquelles les
hommes pourront étendre les progrès des Sciences.

On s'eft déterminé d'abord, peut-
être trop indifcretement, cependant avec beaucoup de défiance, à
faire de nouvelles recherches fur
quatre Problêmes, dont la folution
feroit la clef de la *grande* Géométrie, on pourroit même dire, de la
Géométrie *tranfcendante* ; mais les
tentatives que l'on a faites jufqu'à
préfent pour y parvenir, ont eu fi
peu de fuccès, qu'elles n'attirent

aujourd'hui que du mépris à ceux qui osent entrer dans cette carrière. Son abord est si séduisant, qu'on se livre facilement à l'espérance de découvrir le trésor qui y est caché; mais il est comme décidé que ces recherches sont vaines & illusoires, parce que l'on a beaucoup cherché & que l'on n'a pas trouvé, & que les méprises sont très-fréquentes dans ces recherches; ce qui doit au moins inspirer beaucoup de circonspection & exciter à multiplier beaucoup les procédés & les démonstrations, pour dissiper les doutes : car, en Géométrie, un doute bien fondé est une réfutation.

Excepté la marche de déduction, qui a toujours été instructueuse dans ces recherches, on n'a pas négligé les moyens & les différentes voies praticables pour arriver à la vérité, autant qu'elle peut être mise en évi-

dence par la Géométrie démonstrative, proprement dite, & généralement reconnue. On ne donne d'a-
bord que quelques opérations d'un
travail plus étendu, pour se soumet-
tre préalablement au jugement des
grands Maîtres, qui ne dédaignent
pas de porter leurs regards sur un
genre de recherches si décriées. S'il
se trouvoit quelque méprise dans la
démonstration de la *Trisection de
l'Angle*, qui est la principale partie
& la plus contentieuse, on en donne
ensuite plusieurs autres de différentes formes pour y suppléer, & pour
se procurer décisivement le suffrage
des Géomètres & des Physiciens ; je
dis des Physiciens, parce qu'ils peuvent *mesurer* indépendamment des
calculs sublimes, & que leur Science exige qu'ils jugent démonstrati-
vement des rapports des grandeurs
bornées, sans sortir des limites du

cognoſcible, ce qui ne demande, pour *compter*, que l'uſage de l'A-rithmétique ordinaire; car la Géo-métrie démonſtrative ne s'étend pas juſqu'à la Géométrie des impercep-tibles, qui n'eſt pas ſuſceptible de démonſtrations, parceque, démon-trer c'eſt montrer, & celle-ci ne peut ſe concilier avec la Géométrie dé-monſtrative, que par des ſuppoſi-tions conditionnelles, qui tendent à la rapprocher, mais idéalement, de l'évidence des vérités poſitives des grandeurs bornées, & qui au reſte nous laiſſent dans l'incertitude; car il n'y a pas d'autre évidence pour nous, que celle qui eſt décidée par les ſens; mais on n'aime pas cette préciſion, elle gêne trop l'eſprit. Les ſens, dit-on, ſont trompeurs: oui; mais ce ſont les ſens eux-mê-mes qui nous détrompent, & il n'y a qu'eux qui puiſſent nous détrom-

a iij

per : il n'y a qu'eux auffi qui nous affurent de l'exactitude des démonf-trations géométriques, ou qui nous découvrent les erreurs qui doivent les faire rejetter, & qui nous aver-tiffent des erreurs de la main dans les opérations qui ne fatisfont pas exactement aux conditions requifes dans les conftructions géométri-ques. Si on paffe au-delà du temoi-gnage des fens , on fort de la fphère de l'evidence. Cependant on s'affu-jettira ici , autant qu'il eft de con-vention , aux fuppofitions idéales de la théorie abftraite dans les dé-monftrations des Problêmes, pour ne pas donner lieu à des contefta-tions , fous prétexte d'innovations. Mais néanmoins on doit avertir ici , que le principal objet qu'on a en vue dans ces recherches géométri-ques , eft l'évidence , qui doit par-tout caractérifer la certitude de nos

connoiſſances. C'eſt ſur-tout par la
Géométrie, qui eſt une Science de
première éducation, & la Science
des grandeurs viſibles, qu'on doît
aſſujettir l'eſprit à l'étude rigoureuſe
de l'évidence ſtriĉte ; mais pour rendre l'autorité prédominante de cette
évidence plus remarquable en Géométrie, il a fallu ſoumettre à ſon
Tribunal la décision des Problêmes
les plus contentieux, & dont la ſolution a paru impoſſible, à cauſe de
l'inſuffiſance aĉtuelle des élémens
de la Géométrie démonſtrative, &
à cauſe des fauſſes induĉtions de la
Géométrie métaphyſique. *Voyez
dans le Diĉtionnaire Encyclopédi-
que, au mot* ÉVIDENCE. La Géométrie ſembloit fournir des objeĉtions
contre la théorie qui y eſt expoſée;
il falloit diſſiper ces objeĉtions par
les démonſtrations de la Géométrie,

a iv

dans les cas même où elle paroiſſoit ſe refuſer aux démonſtrations.

On va voir par les queſtions & les objections ſuivantes, qui ont été faites à l'Auteur, juſqu'à quel point les idées métaphyſiques, qui ſe ſont introduites dans la Géométrie, ont obſcurci la théorie de cette Science.

QUESTIONS *faites à l'Auteur.*

COMME il est impossible de s'entendre, lorsqu'on employe les mêmes mots à designer des idées différentes, il faudroit, avant de pouvoir discuter rien avec l'Auteur, sçavoir de lui :

I°.

S'il a lu Euclide, & s'il regarde la Géométrie de cet Auteur comme de bonne Géométrie, comme de la Géométrie démonstrative.

RÉPONSES *de l'Auteur.*

I°.

J'adopte en tout la Géométrie démonstrative d'Euclide & celle de M. Clairaut en tant que démonstrative, rigoureusement parlant, & séparément de tout ce qu'il y a de théorie spéculative indécise ; ainsi, je sépare de la première la Métaphysique ou les idées indéterminées & indéterminables, parce qu'elles ne peuvent conduire à aucune décision démonstrative ; & je sépare de la seconde les fausses applications du calcul intégral établi sur des fractions irrationnelles, ou racines sourdes, qui exigent qu'on néglige, dans le détail, les petits excédens & les petits déficiens; car ce calcul n'est pas applicable aux mesures rigoureuses des grandeurs, parce qu'il est infidele ou insuffisant; & je crois qu'il ne pourroit avoir lieu que pour les autres genres de quantités connues par des observations qui ne s'étendent pas jusqu'à la précision, & que l'on ne peut évaluer que par estimation; ce qui peut s'allier assez bien avec un calcul de même genre; mais ces évaluations d'approximation arbitraire ne doivent pas être confondues avec les démonstrations géométriques. Ce débrouillement ne doit pas non plus être regardé comme une nouvelle Géométrie démonstrative; car il ne s'agit ici que de la Géométrie démonstrative ordinaire dégagée de ce qui lui est étranger, qui obscurcit la théorie de cette Science, & qui induit à des erreurs que l'on confond avec les connoissances les plus évidentes.

Ainsi on doit convenir qu'il est permis à tout Auteur, lorsqu'il s'agit d'une théorie qui n'est pas exacte, d'employer le langage qu'il croit le plus conforme à la réalité des objets qu'il discute, parce que les expressions, telles qu'elles soient, ne changent pas la nature des êtres, qui est toujours la bafe des Sciences : & quand un Auteur y examine le vrai & le faux, il eft rare que les Lecteurs fe méprennent fur la fignification des mots, lorfque la difcuffion ne leur déplaît pas ou ne heurte pas leurs idées favorites, & ils ne cherchent pas à tirer de l'Auteur quelques aveux dont ils pourroient faire ufage.

Je viens de déclarer que j'adopte en tout la Géométrie démonftrative d'Euclide; ainfi je ne crois pas qu'à cet égard mon langage foit différent de celui des Géomêtres, tant qu'il ne s'agit pas de Métaphyfique, où les Géomêtres n'ont pas le droit, par leur langage, de faire la loi aux Philofophes.

On parle, dans les queftions que l'on me fait, de ma Géométrie, comme fi j'avois une autre Géométrie démonftrative que celle d'Euclide. Je déclare que je n'en ai point d'autre, même dans la folution des Problêmes, qu'Euclide a peut-être cru impoffible; car mes démonftrations y font établies, comme les fiennes, fur des rapports géométriques décififs, compris dans les conftructions géométriques affujetties aux principes conftitutifs de la Géométrie démonftrative.

Cette explication fervira à fixer le vrai fens de mes réponfes aux autres queftions.

I Iᵒ.

Si la Géométrie de l'Auteur forme un tout lié de sorte que cette nouvelle Géométrie doive être regardée comme fautive en tout ; si on prouve qu'elle l'est dans la solution d'un seul Problême, ou bien au contraire, si, après avoir démontré que la mesure qu'elle donne pour la diagonale d'un quarré n'est pas exacte, il faudroit encore prouver qu'il en est de même de la division de l'angle, &c.

I Iᵒ.

Je réponds que la Géométrie démonstrative n'est pas par sa nature une Science qui consiste dans un enchaînement qui assujettisse les démonstrations les unes aux autres ; car non - seulement les Problêmes différens, mais aussi un même Problême, peuvent être traités par différentes constructions qui chacune peuvent conduire à une démonstration particulière & même à plusieurs démonstrations particulières si différentes entr'elles, que les méprises qui peuvent se glisser dans les unes, n'influent pas sur les autres ; ce qui est si connu que le Geomêtre, qui fait la question, ne peut pas l'ignorer. Il y a sans doute dans cette question une équivoque, qui se développera dans les objections, contre le rapport numérique du côté du quarré avec la diagonale, sur le fuccès defquelles il paroît que l'on compte beaucoup : j'en entrevois la raifon ; & cette raifon fera une raifon fourde de cal- cul qu'on oppofera à la démonftration géométrique ; cependant je ne vois pas quel rapport pourroit avoir ce genre d'ob- jections avec les démonftrations géométri- ques de la divifion de l'angle. Penferoit-on auffi qu'elle feroit incommenfurable, par- ce qu'on la croiroit incalculable ? Alors on auroit trouvé dans le calcul à racine fourde l'enchaînement auquel on pourroit penfer que la Géométrie démonftrative devroit être affujettie. On fera fans doute de grands efforts pour mettre cette idée en évidence ; car elle eft fort ténébreufe, & cache des contradictions inévitables.

I I I°.

Ce que l'Auteur entend par deux li- gnes égales entre elles ? S'il lui fuffit pour les regarder comme égales , qu'elles ne diffe- rent pas d'un point fenfible ?

I I I°.

Oui ; parce que le point géométrique ou fenfible diftingué du point idéal mathémathique , eft le dernier terme décifif des mefures géométriques , quand ce terme a un rap- port invariable avec tous les autres points qui lui font corrélatifs dans une même conftruc- tion géométrique.

I V°.

Si ce que l'Auteur appelle un point, ne seroit pas, non quant à la définition mais dans la réalité, ce que les autres Géomêtres appelleroient une surface très-petite, dont la figure & la mesure échappent aux sens ?

I V°.

Je dis qu'un point géométrique ne doit pas être pris pour un point physique, considéré comme une étendue divisible, mais seulement pour une marque sensible la plus petite que l'on puisse poser pour déterminer les rapports géométriques : ainsi on ne lui demande d'autres conditions que celle d'être perceptible ; car autrement il faudroit dire, qu'indépendamment des points & des lignes géométriques, toute la Géométrie se trouveroit distinctement sur une feuille de papier blanc ; ce qu'on ne peut pas admettre, sans doute, même avec le secours du calcul infinitésimal, qui ne présente pas de points géométriques pour établir des constructions démonstratives, sans lesquelles il n'y a point de Géométrie réelle, ou qui puisse être réalisée ; aussi exige-t-on que la trisection de l'angle soit exécutée avec la règle & le compas, c'est-à-dire, avec des points & des lignes géométriques, ce qu'on dit impossible. Cependant on croit être arrivé par le calcul infiniment près de la quadrature du cercle ; mais on n'a pas pu en donner la construction démonstrative nécessaire pour l'exactitude & la facilité des opérations géometriques qui en dependent ; & même plusieurs grands Geomêtres pensent qu'il est impossible d'y parvenir.

Vo.

Vo.

Pourquoi l'Auteur, qui reproche aux Géométres les points sans longueur & les lignes sans largeur, se permet dans son Ouvrage de considérer des surfaces sans profondeur ?

Je ne sçais pas où l'on a trouvé que je reconnoisse explicitement des surfaces sans profondeur; peut-être seroit-il arrivé que, dans quelque cas j'aurois employé, sans conséquence, le langage de la théorie spéculative des Géomètres, que j'ai expressément séparé de la Géométrie démonstrative, que j'adopte comme la seule Géométrie positive.

S'il reste encore quelques doutes à l'Auteur des questions sur le langage usité dans la Géométrie démonstrative, on lui présentera des principes de Géométrie rendus sensibles par la construction détaillée des conditions qui constituent leur essence & leurs propriétés relativement à la Géométrie démonſtrative & à la ſolution des divers Problêmes aſſujettis aux cas particuliers ; car, dans les traités qu'on fait, il faut convenir des *poids* & des *meſures*, & nous ne voulons vendre & acheter qu'avec des *poids* & des *meſures* admis dans le Commerce.

OBJECTIONS

OBJECTIONS.

L'Auteur dit dans son Ouvrage Problême II, que le rapport des quatre côtés du quarré à la diagonale, est comme 68 à 24; & toute sa démonstration se borne à dire que son cercle A E C coupe la ligne BD au point E, de manière que la ligne (E 17) soit la vingt-quatriéme partie de BD : or c'est ce qui n'est point vrai; elle est plus petite; l'Auteur s'en assurera en faisant le raisonnement suivant.

Soit le quarré K (Planche III, fig. 2) & sur sa diagonale le quarré Z; les angles qZY, YZc, pZq, étant droits, comme il est évident par la construction, il est clair que le quarré Z, égal aux quatre triangles qui ont leur sommet en Z, sera égal à quatre fois le triangle pZc, puisque ces triangles sont égaux entr'eux, & par conséquent égal à deux fois le quarré K.

Cela posé, je suppose que j'aye divisé la ligne pc en 24 parties, que de chacune de ces parties élevant des perpendiculaires divisant q Y qui lui est égale, en 24, & menant des paralleles a, Y, c par chaque des divisions, je diviserai le quarré sur pc en 576 petits quarrés : si je prends ensuite une ligne égale à 17 fois la vingt-quatriéme partie de pc, son quarré contiendra 289 des mêmes petits quarrés, donc le double en contiendra 578, nombre plus grand que 576 ; donc le quarré de pc sera plus petit que deux fois le quarré de Z c ; donc cette ligne ne sera pas égale à dix-sept parties de pc.

On prie l'Auteur de vouloir bien faire la construction indiquée ci-dessus, & d'observer que, *d'après la Géométrie d'Euclide*, pd ne peut être 17, lorsque pc est 24.

Je voudrois sçavoir si le point géométrique de l'Auteur a un rapport assignable en nombre avec chaque ligne qui entre dans la construction d'un Problême ; s'il suffit qu'il soit insensible à la vue, ou s'il est nécessaire qu'il le soit au microscope.

Si la démonstration de l'Auteur, pour le rapport de la diagonale, est fautive, celle de la trisection de l'angle l'est également, en ce que l'Auteur suppose dans toutes deux, que deux points coincident entre eux, lorsque leur distance est plus petite que la pointe de son compas, pointe qui a une grosseur très-réelle ; ainsi il suppose, dans les deux cas, qu'une distance réelle est nulle.

Les constructions que les Géomètres proposent pour les Problêmes de l'Auteur, le conduiroient à des résultats qui lui paroitroient aussi exacts, & les mêmes que les siens ;

toute la différence vient de ce que les Géomètres donnent une conf-truction exacte, & que la fienne differe de la vraie d'une quantité in-fenfible ; & fi les Géomètres don-noient les conftructions de l'Au-teur, au lieu de dire (trouver le rap-port de la diagonale au quarré, ils diroient, trouver, à un 24me près, par exemple, le rapport de la dia-gonale au quarré, ou bien trouver, d'une manière auffi approchée qu'on voudra, &c.) & l'Auteur peut être bien fûr qu'on auroit ainfi en nom-bre entier les rapports de toutes ces quantités qu'il cherche ? Mais que ces rapports ne font qu'appro-chés, quoique moins éloignés en-core du rapport exact que ceux qu'il propofe.

RÉPONSES.

LES deux problêmes qu'on attaque n'exigent aucune discussion sur les points & les lignes géométriques, ni sur les points & les lignes mathémathiques : cette discussion nous jetteroit dans des écarts que nous pouvons éviter ici ; car on ne suppose rien dans les opérations de ces Problêmes, qui ne soit adopté par tous les Géomètres ; & quant aux conséquences, c'est l'évidence logique qui doit décider.

Ainsi il faut nous expliquer de manière que tout le monde sçavant puisse nous entendre, & juger, en nous retenant dans les limites du cognoscible, que la Géométrie elle-même a fixées par ses pétitions.

La condition qu'on exige dans le Problême sur la trisection de l'angle, est qu'il soit exécuté avec la

b iij

règle & le compas, c'eſt-à-dire, avec des points & des lignes géométriques, & avec l'accord ſous-entendu qu'elles doivent avoir avec les points & les lignes mathématiques, tel qu'il eſt convenu par les pétitions ou principes géométriques, les définitions, les axiomes, les proportions évidentes, &c.

Ces principes ſe rapportent auſſi à la conſtruction des quarrés.

Tout ceci poſé, & qu'on ne peut pas me refuſer, nous pouvons marcher en règle. Il s'agit donc d'examiner tout ſimplement & immédiatement, s'il ne ſe trouve pas dans les conſtructions qu'on préſente quelques rapports géométriques qui ne puiſſent ſe concilier avec la Géométrie intellectuelle, ou avec les principes reçus : c'eſt ce qu'on peut examiner dans la démonſtration de la planche I. & dans l'échelle des trois quarrés, planche III. fig. 2, où l'on voit par les triangles qu'ils renferment, que les quarrés K, Z & Y font trois quarrés duplicatifs & reduplicatifs, dont Z eft double de K & foudouble de Y qui eft qua-druple de K; ce qui nous ramenera à la démonftration géométrique & intellectuelle du rapport numérique de la diagonale avec le côté du quar-ré, ce qui fera décidé d'ailleurs par le nombre de parties égales que doit contenir la furface de chaque quar-ré ; alors on verra qu'il ne faut pas comparer en nombre la diagonale du quarré K avec cette même dia-gonale devenue le côté du quarré Z, & que c'eft une fauffe marche échappée dans l'objection, qu'on auroit évitée par une échelle de trois quarrés au lieu de deux; car le rap-port du troifiéme quarré avec le premier décide le nombre de par-ties de la furface du fecond relati-vement à celles de la furface des deux autres : peut-être a-t-on trouvé ce rapport trop embarrassant.

Nous avons passé légerement sur la futilité de l'objection, établie sur les imperceptibles indéterminables, qui sembleroit tendre à détruire la certitude de la Géométrie démonstrative, si elle étoit abandonnée à ces abstractions idéales ; mais cette Science est fondée sur des principes évidens qui ne redoutent pas de pareilles attaques, qui ne servent qu'à exercer les Novices dans les rufes de la petite guerre scholastique. Cependant on vient de nous démontrer un quarré par des points & des lignes géométriques.

Mais je reconnois ici un Sçavant qui veut bien se donner la peine d'examiner mes Problêmes, qui démontre avec des points & des lignes géométriques, & qui comprend qu'une ligne étant partagée en deux par une autre ligne, les deux parties de la ligne divisée ont chacune leur part de la largeur de la ligne qui les divise, & qu'il ne reste rien en propre à cette dernière que sa fonction de marquer sensiblement le lieu de la division, en laissant aux parties divisées toute leur étendue ; c'est en effet ce qui est toujours sous-entendu intellectuellement dans les pétitions géométriques décidées par l'évidence primitive, qui est le fondement de toute démonstration.

Ainsi je crois que c'est un Juge qui cherche à s'assurer de bonne foi de la vérité par des voies lumineuses, qui montrent l'étendue de ses connoissances & la droiture de ses intentions.

Les subtilités métaphysiques que je crois ici de trop, ont acquis une si grande autorité, que je ne puis disconvenir qu'elles ont dû entrer d'abord dans la discussion, mais sans préjudicier aux pétitions de la Géo-

métrie démonſtrative, ſans leſquelles cette Science n'exiſteroit pas.

D'où s'enſuit, qu'après bien des
détours inutiles, il faut revenir
au fait ; c'eſt-à-dire, aux conſtructions & aux démonſtrations : & c'eſt
tout d'abord la marche des perſon-
nes éclairées qui veulent abréger la
route & cheminer à découvert, &
qui laiſſent aux Sophiſtes la Métaphyſique, qui n'eſt qu'une *Phyſique
indéterminée*, où les indéterminables ſe prêtent facilement aux aſ-
tuces d'une Logique fallacieuſe.

Mais, reſſouvenons-nous qu'il
s'agit préſentement d'un Problême
qu'il faut démontrer avec la règle
& le compas, & conformément
aux élémens de la Géométrie vulgaire, afin qu'on ne m'impute pas
de préſenter ici une nouvelle Géométrie où on ne comprend rien ;
c'eſt la dernière reſſource des Ad-
verſaires, qui croient qu'on ne peut

faire de nouvelles recherches sans se frayer de nouvelles routes, & qui ne pensent pas qu'on peut parvenir à des découvertes en examinant les objets avec plus d'attention.

Pour faire des découvertes dans la Physique géométrique indéterminée, il faut y démêler les mesures déterminables d'avec les mesures indéterminables ; c'est-à-dire, les mesures qui peuvent être assujetties à des termes évidens ou perceptibles, d'avec celles qui excluent absolument toute évidence décisive. C'est peut-être ce discernement du *cognoscible* d'avec l'*incognoscible*, qu'on appelle une Géométrie nouvelle : mais, ce seroit dire que la Géométrie démonstrative n'a pas encore existé, & qu'elle n'existera pas, si on employe artificieusement le nom de nouvelle Géométrie pour la dédaigner & se dispenser de la réfuter, ou pour obtenir un délai illusoire, ou bien pour faire entendre que la Géométrie que l'on propose est inintelligible ; comme si on pouvoit changer la nature des figures géométriques , & fasciner les yeux des Géomètres. Cette petite ruse passagere réussit un peu à ceux qui ont une réputation assez imposante, pour laisser des soupçons d'incertitude sans se compromettre vis-à-vis le vulgaire ; mais c'est un nuage transparent qui n'obscurcit pas entierement l'évidence ou le *criterium veritatis* , qui décide impérieusement. A la vérité cette évidence ne se manifeste pas dans les mesures , dont les termes sont imperceptibles. Car , sans la condition des termes sensibles , l'évidence seroit exclue de la Géométrie, & alors ce ne seroit plus une science réelle & décisive, car elle n'auroit d'autre évidence que celle des relations intellectuelles indéterminées & inassignables.

La simple *perception* de cette exactitude abfolue n'eſt pas une évidence de démonſtration, réduite à nos connoiſſances d'*apperceptions,* leſquelles ne s'étendent pas juſqu'aux limites indéterminables des meſures des grandeurs : mais on peut être aſſuré qu'elles ſont compriſes dans la plus petite étendue ſenſible où ſe borne l'évidence géométrique, qui eſt ſi déciſive qu'elle fait enfin diſparoître la diſſimulation ou le maſque d'une ignorance affectée ; mais il faut faire attention que l'évidence d'apperception n'appartient qu'à l'étendue, & qu'elle ne s'étend pas juſqu'à l'exactitude abfolue, mais juſqu'à un point ſenſible le plus petit qu'on puiſſe poſer ; ainſi l'évidence d'apperception eſt une évidence propre à la Géométrie, & il ne faut pas la confondre avec les perceptions logiques, qui peuvent s'étendre juſqu'aux abſtrac-

tions, & qui ne donnent aucune connoiſſance des meſures des grandeurs
bornées. Il n'y a donc d'autre évidence géométrique que l'évidence
d'apperception, qui compare des
grandeurs bornées avec d'autres
grandeurs bornées ; & voilà préci-
ſément ce que c'eſt que la Géométrie proprement dite.

Nous n'employons pas ici, où
nous parlons en toute rigueur phi-
loſophique, le nom de points ; car
dans le vrai, il n'y a pas de points
réels de préciſion abſolue en Gé o-
métrie , relativement aux meſures.
Les meſures des diviſions géométriques ne ſuppoſent entr'elles qu'un
contact immédiat des parties divi-
ſées . qui exclut tout intervalle &
tout point réel , parce que le point
réel ſeroit compris dans le contact
ou hors du contact, & ne ſeroit jamais au juſte l'extrêmité même d'u-
ne meſure, qui n'admet rien en elle

même qu'elle-même, qui eſt la fin ou la ceſſation de cette meſure : or à ce terme, un point n'eſt pas concevable, pas même comme fiction, fût-il imaginé comme infiniment petit ; car l'infini n'eſt pas le fini ; ainſi la ceſſation de la meſure ne ſeroit pas un point, mais l'extrêmité ou le bord du point que l'on prétendroit concevoir idéalement.

La raiſon proſcrit ces difficultés diſcordantes, fauſſes & captieuſes établies ſur des parcelles de fractions irrationnelles, futiles & incompréhenſibles, & qui ne peuvent pas ſervir de baſe à une ſcience.

Mais on cherche à ſe tromper ſoi-même par une abſtraction ſéduiſante, en croyant imaginer un point ſans étendue, dont l'imagination ne peut fournir l'image qu'en y ſuppléant par un nom qui déſigne un être qui n'eſt rien, & qui eſt réel, par la mémoire de l'idée d'un point réel qui se confond subrepticement avec le néant ; ce qui s'établit facilement par un langage qui n'a point de signification distincte , & cette fausse monnoie est reçue sans défiance. On joint un point sans étendue à un autre point sans étendue , avec l'idée qu'ils se touchent par leurs extrêmités , & forment une longueur, sans penser que des points sans étendue n'ont point d'extrêmités , & qu'ils ne peuvent être dans leur réunion les uns hors des autres, si ce n'est par l'intervention d'une fausse idée de grandeur , qu'on ne peut leur attribuer, & qui implique contradiction , même dans une abstraction ; car une abstraction doit séparer & non réunir des idées incompatibles.

Ainsi , pour exclure toute équivoque.& toute idée inintelligible , nous ne concevons pas le point mathématique , ni la ligne mathématique

tique, ni la ligne géométrique comme un point, comme une ligne, mais comme un terme ou une limite d'étendue. Si je dis, par exemple, qu'une ligne physique droite ou circulaire est composée d'une infinité de parties réelles qui se touchent, je dois reconnoître que ces parties font raffemblées en lignes par une infinité de bords, par lesquels elles se touchent, & que ces bords se trouvent à toutes les mesures des divisions des partages que je fais de cette ligne; & c'est à ces bords mêmes, & non aux parties divisées, que je fixe mon attention : alors je conçois qu'il n'y a rien entre ces bords, car ils ne feroient pas des bords qui se touchent, s'il y avoit quelque chose, c'est-à-dire, quelqu'intervalle entr'eux.

Les divisions géométriques ne font que des divisions deffinées fans défunion physique, fans déplacement des parties divifées, & fans aucun dérangement dans leur con-tact ni dans leur continuité. Ainfi les divifions deffinées ou géométri-ques doivent toujours être diftin-guées des divifions phyfiques, pour en avoir une idée exacte.

Or les bords d'une mefure ne font pas divifibles, car ils font le *nec plus ultrà* de cette mefure. Je conçois donc que ce terme n'eft pas lui-mê-me une étendue; mais il peut être le bord d'un point ou d'une ligne géo-métrique, & il peut auffi fe trouver dans ce point ou dans cette ligne, felon les différens rapports des me-fures géométriques, auxquelles il doit être affujetti.

Toute ligne intellectuelle, qui coupe une autre ligne, y traverfe l'infini à l'endroit même où eft une grandeur finie : or ce n'eft point l'infini, mais le fini qui eft l'objet de la Géométrie; & on doit apper-

cevoir que ces points, que l'on appelle point physique & point mathématique, sont dans la réalité la
même chose, mais que dans le vrai
ce ne sont pas des points ; ainsi le
nom de point ne peut leur convenir
que metaphoriquement : il en est de
même pour les lignes en Géométrie,
& aussi dans le dessein, où les traits
du Dessinateur indiquent les contours ; mais les contours ne sont
pas des traits. Le point & la ligne
géométriques marquent sensiblement les termes imperceptibles que
nous désignons par les noms de
points & de lignes mathématiques ;
mais ces limites imperceptibles ne
sont ni des points ni des lignes ; cependant, parce qu'ils sont imperceptibles, il nous faut des points & des
lignes sensibles pour les indiquer ;
& ces points, ces lignes sont les
bornes du *cognoscible décisif.*

Cherchez donc idéalement le fini

par des lignes intellectuelles qui traverſent l'infini en paſſant entre deux unités continues diviſibles à l'infini ; c'eſt par là que la Géométrie peut démêler deux choſes, l'infini & le fini, qui ſemblent ſurpaſſer l'intelligence du Géomètre, du Calculateur & du Philoſophe, qui voient toujours l'infini dans le fini, & qui ne voient point le fini dans l'infini.

Le fini ſe termine à rien, & ſouvent le calcul n'a pas de marche aſſurée pour y arriver ; & nos ſens ne peuvent le ſaiſir, étant toujours voiſin d'une diminution ou diviſion progreſſive de grandeurs imperceptibles, dont l'exiſtence ne peut être indiquée que par des points & des lignes géométriques, ſans connoiſſances préciſes de lieu ni de formes, ni de meſures phyſiques ni numériques qui conduiſent à ce rien où il n'y a qu'une continuité d'unités &

point d'unités ni droites, ni courbes ; ainſi nulle différence ici entre
la ligne circulaire & la ligne droite.
Repréſentez-vous les côtés d'un angle, d'un polygone comme les deux
branches d'un compas qui s'approchent également, ſe réuniſſent, ſe
touchent & ne laiſſent rien entre
elles ; tel eſt le terme du fini, que
l'on cherche en vain par l'infini dans
l'infini , & entre les unités continues qui forment l'infini & ſes infiniment petits. Le fini eſt par-tout &
ſe confond par-tout dans l'infini, &
on ne penſe qu'à des unités & à des
nombres, & jamais à ce rien qui limite le fini entre les unités : c'eſt
pour cela que le calcul infinitéſimal
peut donner, ſi l'on veut, des nombres pairs ou impairs pour la même
opération ; c'eſt pour cela auſſi
qu'on renvoye quelquefois à l'infini
la rencontre de deux lignes qui s'approchent réciproquement l'une &

l'autre vers un terme commun * ;
c'est pourquoi encore tant de dis-
cordance entre la Métaphyfique &
la Géométrie démonftrative.

Mais toujours ces notions des imperceptibles ne peuvent être indi-
quées que par des points & des li-

---

* On a cherché la quadrature du cercle par le
moyen des polygones infcrits & circonfcrits ;
mais on a trouvé des racines fourdes qui ont ar-
rêté le calcul, & on a attribué à la Géométrie
l'infuffifance même du calcul ; ainfi ce qui eft
incalculable a été regardé comme incommenfurable. Alors les démonftrations géométriques
ont difparu, & les mefures des grandeurs bornées fe font perdues dans l'infini, où l'on tâche
de les foumettre à des modifications de calcul
plus fpécieufes que décifives : auffi n'a-t-on pas
fuivi cette route dans la démonftration de la
quadrature des lunules d'Hipocrate, qui eft
toute Géométrique. Donc, lorfqu'on ne con-
fondra plus le calcul abftrait avec la fcience
de mefurer, on les ramenera facilement à l'évidence des démonftrations géométriques affüjet-
ties à des points & à des lignes géométriques,
& où le point géométrique de fection fera toujours la principale cheville ouvrière, ou la principale pétition géométrique des opérations de la

gnes sensibles , & jamais par des
nombres & par des abstractions purement idéales , & il ne faut jamais
prendre la conséquence pour le
principe, ou l'indiqué pour l'indiquant, ni confondre l'évidence avec
la Métaphysique, c'est-à-dire, avec

Science de mesurer. Ainsi on ne peut pas plus
refuser d'admettre aussi la quadrature géométrique du cercle, que celle des lunules.

Il faut donc toujours revenir au point géométrique, & le reconnoître pour le dernier terme
décisif des mesures géométriques; aussi n'a-t-il
jamais existé d'autre Géométrie positive, que
celle qui mesure par des lignes ou des points
sensibles, lesquels renferment au dedans d'eux-
mêmes, les petites parties imperceptibles & indéterminables, & qui aussi constatent par eux-
mêmes la certitude des mesures, non pas jusqu'à
l'exactitude absolue, mais avec toute l'exactitude possible, portée au de-là même des nombres
& des fractions irrationnelles; laquelle est équi-
valente intellectuellement à l'exactitude absolue, en désignant le terme respectif des grandeurs mesurées & conservées dans leur intégrité.

Il est vrai que ces points & ces lignes géométriques donnent des fractions qui embarrassent le
Calculateur; mais l'évidence des démonstra-

la Phyſique indéterminée : l'évidence eſt une faculté de celui qui apperçoit , & non une propriété de
l'objet apperçu ; ainſi le diſcerne-
ment des idées & leurs rapports de
convenance & de diſconvenance ne
ſont que des dépendances de nos

---

tions géométriques eſt indépendante de l'inſuffiſance du calcul : & malgré tous les ſubter-
fuges & les pratiques ingénieuſes des grands
Calculateurs, la Géométrie ne fléchira jamais
vis-à-vis le calcul ; car il faut toujours que les
calculs, quelqu'abſtraits qu'ils puiſſent être ,
ſoient fondés ſur des meſures, même ceux des
ellipſes céleſtes formées par une peſanteur en
raiſon inverſe des quarrés des diſtances & réciproquement ajuſtées par des rapports de calculs
abſtraits ; ce qui pourroit faire ſoupçonner un
cercle vicieux , qui retourneroit toujours de
l'inconnu à l'inconnu. Mais nous ne voulons
pas pouſſer nos recherches juſque dans ces dé-
tails myſtérieux , & nous reſpectons des travaux
admirables ſuivis par une multitude de Calculateurs célèbres, qui ſans doute n'ont pas voulu ſe
fixer à des hypothéſes , ni perdre des réſultats
aſſujettis aux obſervations ; mais toujours
faudroit il encore que le calcul empruntât ou
ſuppoſât les meſures rigoureuſes de la Géomé-

senfations & du physique de notre être senfitif, dont les perceptions & les apperceptions ne font point dans les objets apperçus, quoique ces objets foient les caufes conditionnelles de nos fenfations & de nos idées complettes & incomplet-

---

trie pofitive, pour déterminer les formes de ces ellipfes fictices défignées par le calcul.

On a porté fi loin l'application du calcul abftrait à la Géométrie, qu'il en réfulte des difficultés & des contradictions, qu'on imputeroit à la Géométrie pofitive ou au calcul qui lui eft affujetti, fi on n'appercevoit pas qu'elles n'exiftent que dans une complication forcée par des tentatives de toute efpece & fans bornes, où il femble qu'on ait entrepris de foumettre la Géométrie pofitive aux calculs abftraits.

Mais les mefures géométriques font fi rigoureufes & fi décifives, qu'elles feront toujours inattaquables, malgré les petites chicanes fur les points géométriques mal conçus & pris pour des bornes tout fimplement, & non pour des bornes qui indiquent d'autres bornes qui doivent être fous-entendues, pour conferver l'intégrité des grandeurs mefurées, fans cependant féparer l'indiqué de l'indiquant, ni prendre par abftraction la conféquence pour le principe, comme

tes, simples & composées, abstraites & concretes, & des liaisons logiques qui forment nos jugemens ; tout cela se rapporte à des causes & à des effets physiques connus déterminément ou indéterminément ; & ce dernier cas est ce que

---

l'on fait dans les calculs dérangés par des fractions irrationnelles, où l'on cherche le fini par des modifications captieuses & infinitésimales, qui ne peuvent se rapporter au fini absolu d'une mesure géométrique, qui n'est pas relatif à des unités numériques. Ainsi, quoique les Calculateurs eux - mêmes réprouvent sévèrement en Géométrie l'étendue des points géométriques, ils n'hésitent pas cependant à côté de cette grande sévérité, de se donner, dans leurs calculs, des licences peu scrupuleuses, qui, dans les progressions du petit au grand, peuvent conduire à de grandes erreurs qu'on ne peut éviter que par la propriété des points & des lignes géométriques, qui font toujours les mêmes dans les grands comme dans les petits cercles concentriques.

Aussi faut-il toujours revenir aux pétitions géométriques, c'est-à-dire, aux points & aux lignes géométriques, avec la condition sous-entendue, que l'intégrité des grandeurs mesu-

nous appellons Métaphysique , &
que l'on a regardé comme une
Science particuliere & supérieure à
la Physique , laquelle cependant
n'est qu'une Physique imparfaite &
fort insidieuse , sur-tout en Géomé-

---

rées , réduit à rien ces points & ces lignes. C'est
pourquoi , en rigueur géométrique , les noms
de points & de lignes ne doivent être entendus
que métaphoriquement , sans perdre de vue , cependant , leur fonction d'indiquer le lieu du terme des mesures des grandeurs bornées dans les
démonstrations géométriques dessinées par des
points & des lignes sensibles , dont la place est
tracée sur les bords des parties mesurées. Aussi
seroit-il impossible de retrancher seulement de
la Géométrie le point de section , qui est un
point sensible , sans anéantir la Géométrie démonstrative & métaphysique.

Cette Physique peut être entendue clairement ,
néanmoins elle reste fort embrouillée , parce
que le discernement s'étend rarement jusqu'aux
perceptions intellectuelles , & que l'esprit est peu
exercé à les démêler d'avec les sensations qui
les indiquent ; & où il y a à distinguer de petites
parcelles indéterminables , qui seroient toujours
reconnues par elles mêmes en Géométrie , si elles
n'étoient obscurcies par des alliages hétéro-
gênes.

trie, où elle est adaptée à des indéterminables.

Ces développemens sont nécessaires pour bannir de la Géométrie des disputes fort embrouillées, que l'abus des mots & des perceptions indéterminables y ont introduites : on les y porte si loin, que, dans la discussion présente, on a voulu soutenir que, si la démonstration d'un Problême étoit fausse par inattention à une fraction irrationnelle où l'on ne peut saisir le point mathématique, celles des autres Problêmes quelconques établis régulierement sur le point géométrique, seroient fausses aussi. Cependant on trouvera, dans une échelle de trois quarrés duplicatifs & reduplicatifs une démonstration fausse & deux démonstrations vraies. De telles assertions sont trop hasardées pour être sincères.

Il regne donc une confusion gé-

...nérale dans la Géométrie, par les
significations équivoques des mots
métaphoriques de points & de lignes, (faute d'être entendus métaphoriquement) une confusion d'i-
dées qui obscurcissent toute la théorie de cette Science ; aussi n'est-ce
que sur des points incompréhensi-
bles, c'est-à-dire, sur des points
sans étendue & sur des lignes sans
largeur, que l'Auteur, qui nous attaque, a établi tous les raisonnemens
qu'il voudroit opposer aux pétitions
géométriques, assurées de tout tems
par l'évidence contre les subtilités
de la Métaphysique la plus alambi-
quée, employées sérieusement à
des discussions vétilleuses, sur les
démonstrations géometriques. Ainsi le premier pas de la marche
de l'esprit humain en Géométrie, doit être le débrouillement
des notions primitives, & le discernement de leur certitude, de

leurs limites, & de leurs rapports essentiels.

Cette théorie, qui dévoile les abus des fausses applications de la Métaphysique & des calculs abstraits à la Géométrie démonstrative, est traitée plus sçavamment & plus amplement par M. d'Alembert, dans ses élémens de Philosophie; mais il paroît que les études du commun des Géomètres ne s'étendent pas jusques-là : ceux-ci se livrent plus volontiers aux petites subtilités contentieuses qui étincellent dans les ténèbres, où il leur paroît que les démonstrations géométriques doivent pénétrer jusqu'à l'exactitude absolue, qu'ils ne distinguent pas de l'exactitude stricte où l'homme peut atteindre. Si vous leur demandez un échantillon de cette Géométrie sublime, ils vous répondront qu'on ne peut pas la montrer, & qu'elle ne peut s'appercevoir que par les yeux de l'efprit : mais leur Métaphyfique, pointilleufe & mal entendue , ne laiffe pas ignorer qu'ils fe bornent à copier de la Géométrie, dont la certitude ne leur eft connue que par l'authenticité du témoignage des Fondateurs de la Géométrie , qui leur paroiffent avoir établi purement les pétitions géométriques fur des points mathématiques indiqués par des points phyfiques fenfibles, fans penfer que ces points mathématiques font indéterminables.

Eft-ce que l'Auteur qui nous fait des objections, n'y auroit pas penfé non plus ? Il eft vraifemblable au moins qu'il ne reviendra pas nous demander une Géométrie qu'il n'a jamais vue, & qui ne peut exifter. Quelques Novices pourront encore s'y méprendre ; mais il faut leur laiffer le tems de démêler leurs idées. Quant aux démonftrations , nous ne demandons grace à personne pour les conditions décisives requises & observées de tout tems rigoureusement par les Géomètres, qui ont connu, par eux-mêmes, la certitude des démonstrations.

Il ne restoit plus à notre sçavant Adversaire qu'à réfuter en regle géométriquement ; tous ses efforts se sont bornés à attaquer par un faux calcul le rapport numérique de la diagonale avec le côté du quarré ; mais la Géométrie, qui est elle-même la pierre de touche du calcul, a dissipé l'objection. *Voyez le Corollaire du Problême II. & la discussion sur le point de rencontre indéterminé page 33 & suivantes.*

RECHERCHES

RECHERCHES PHILOSOPHIQUES
SUR L'ÉVIDENCE
DES VÉRITÉS
GÉOMÉTRIQUES.

TRISECTION DE L'ANGLE.

LEMME. (Pl. I.)

DEUX cercles égaux qui se croisent réciproquement de la circonférence au centre, divisent en trois parties égales leur diamètre commun, & divisent aussi en trois parties égales tous les arcs renfermés exactement entre leurs circonférences, & qui passent par leur centre.

1°. Les deux cercles Q, L coupent leur diamètre commun *o p*, en *c* & en *b*, en trois parties égales ; car le cercle L a son centre

A

à la circonférence du cercle Q ; lequel a de même son centre à la circonférence du cercle L. Ainsi les trois parties pc, cb & bo du diamètre op, commun à l'un & à l'autre cercle, sont des rayons de ces cercles. Or les rayons de cercles égaux, sont égaux ; donc les trois parties pc, cb & bo de la ligne diamétrale op sont égales entre elles.

2°. L'arc $dcba$, qui traverse les deux cercles Q, L en passant par leurs centres cb, est aussi divisé en trois parties égales, parce que les cordes de chaque partie dc, cb & ba, sont des rayons des deux cercles égaux Q, L.

Tout homme capable de saisir l'Évidence, peut, sans être Géomètre, reconnoître la certitude de ces vérités, indépendamment d'aucunes formules géométriques qu'on appelle *Démonstrations* ; car ces formules ne sont jamais aussi claires, aussi simples, aussi tranchantes que l'évidence de premier aspect ou primitive ; c'est-à-dire, celle qui n'a pas besoin d'être extraite par déduction d'autres vérités reconnues, & qui se manifeste par elle-même & maîtrise l'esprit, sans l'entremise d'aucune vérification artificielle, ni d'aucun raisonnement logique, telles que sont les *pétitions* ou demandes géométriques, qui, rigoureufement parlant, font les élémens de la Géométrie démonftrative, & les premiers inftrumens décififs pour les mefures des démonftrations géométriques.

3°. Il eft encore évident que tout autre arc, qui traverfe de même deux arcs qui fe croifent réciproquement de la circonfé-rence au centre, fera pareillement divifé en trois parties égales par ces deux cercles.

Il ne s'agit donc, pour avoir la *Trifec-tion de l'Angle*, que de placer exactement ce Lemme fur les côtés d'un angle propofé, pour être divifé, par l'arc qui le mefure, en trois parties égales.

PROBLÊME I.

Placer le Lemme précédent fur les côtés d'un angle donné, par l'entremife d'un fecond angle qui lui eft égal & dont les côtés font affujettis au même Lemme, qui le divife en trois parties égales.

CONSTRUCTION. (Pl. I).

Soit D E A, l'angle donné.
Décrivez le demi-cercle I H G F à dif-crétion, felon que vous voudrez que la fi-

gure de la conftruction foit plus ou moins grande.

Divifez le diamètre I F de ce demi-cercle en trois parties égales I N, N M, M F.

Tirez les deux perpendiculaires I V & F T paralleles à la diamétrale E K. Tirez de même les deux perpendiculaires N S & M R paralleles à la diamétrale EK.

Tirez à difcrétion la ligne *o p* au-deffus de la ligne P O, parallele & égale au diamètre I F du demi-cercle I H G F.

Divifez cette ligne *o p* en trois parties égales *p c*, *c b*, *b o*.

Du point *c* au point *b*, & du point *b* au point *c* décrivez les deux cercles L & Q.

Prenez la mefure du côté E *t* de l'angle donné D E A, coupé en *t* & en *r*, par les deux paralleles I *p* & F *o*.

Portez cette mefure E *t* de *b* en H fur la parallele N *c*, & de *c* en G fur la parallele M *b*.

Tirez la ligne H G, qui coupera per-pendiculairement en *e* la diamétrale E K.

De *e* en *b*, décrivez l'arc *a b c d*, ren-fermé dans les deux cercles Q & L.

Tirez fa corde *d a*, formez l'angle *d e a*; tirez les deux lignes *d g* & *a f*, paralleles à la diamétrale K E.

Prenez la mefure *e b*; portez-la de E en

D & décrivez l'arc DCBA terminé par les deux paralleles *g d* & *f a ;* tirez fa corde D A , qui fera égale à la corde *d a.* Par les points C , B , tirez la ligne O P , qui fera égale à *o p* , diamètre commun des deux cercles Q & L.

De B en C & de C en B décrivez les deux cercles X & Z , qui paſſeront par l'extrêmité de la corde D A de l'arc D C B A qui meſure l'angle donné D E A , & qui eſt égal & ſemblable à l'arc *d c b a* , & l'arc qui le meſure ſera renfermé dans les deux cercles X & Z , & paſſera par les centres : ainſi il ſera diviſé en trois parties égales par ces deux cercles, qui ſe croiſent de la circonférence au centre ; & l'angle donné & ſon arc ſeront diviſés auſſi en trois parties égales par les deux lignes B E & C E , de même que l'angle *d e a* ſon égal eſt diviſé en trois parties égales par les deux lignes *b e* & *c e.*

Cette conſtruction ne s'étend pas beaucoup au-delà de l'angle droit. Ainſi quand l'angle donné ſera obtus , on le remplacera par ſon angle de ſupplément. D'ailleurs , on donne dans la ſuite de ces recherches beaucoup d'autres conſtructions qui s'étendent à tous les angles aigus & obtus.

Si on veut placer immédiatement le

Lemme sur les côtés de l'angle donné sans l'entremise d'un second angle formé sur le Lemme, on prendra la mesure E *t*, on la portera de N en B sur la parallele M R, & de-là on tracera l'arc B P ; on portera la même mesure E *t* de M en C sur la parallele N S, d'où l'on tracera l'arc C O, ce qui régle d'avance la place de la ligne O P, qui est le diamètre commun des deux cercles X, Z, sur lequel, en le divisant en trois parties égales, on pourra achever la construction.

Du point E au point B, on décrira l'arc D C B A qui mesure l'angle donné D E A, & qui sera renfermé dans les deux cercles X & Z, & passera par les deux centres, sans qu'il soit besoin pour terminer cet arc, des deux paralleles *d g a f.*

DÉMONSTRATION.

Elle se trouve dans les mesures mêmes de la construction. L'angle *d e a* est établi sur le Lemme, lequel est établi aussi sur les côtés de l'angle donné. Ces deux angles ont l'un & l'autre même base, même hauteur, & mêmes divisions. Les arcs qui mesurent chacun de ces angles sont égaux & semblables ; leurs cordes *d a* & D A sont égales, & forment les côtés oppofés du rectangle *d g f a* qui renferme les deux angles, leurs arcs & leurs cordes.

L'arc qui mesure l'angle *d e a*, est renfermé dans les deux cercles L & Q, & passe par leurs centres; donc ils le divisent en trois parties égales. L'arc qui mesure l'angle D E A est renfermé aussi dans les deux cercles X & Z, qui sont égaux aux cercles L & Q, & passe aussi par leurs centres: donc il est divisé pareillement en trois parties égales par ces deux cercles X & Z.

REMARQUE.

Si l'on disoit que le point compliqué D est un point de rencontre & indéterminé, on ne feroit pas attention que c'est un point de rencontre de réunion mesuré par son correlatif *d*, & décidé par la construction.

Cette remarque est nécessaire, car quelquefois, ceux qui examinent les démonstrations se fixent si décisivement aux points de rencontre, qu'ils ne discernent pas toujours, si ces points de rencontre sont des points de rencontre de réunion, ou des points de rencontre d'approchement; & si un point de rencontre d'approchement est du genre de ceux qui sont invariables, & équivalent à un point de réunion dans la Géométrie démonſtrative : on prend toujours le point de rencontre pour une ſuppoſition ou un paralogiſme qui fait rejetter la démonſtration, ſi l'Auteur n'eſt pas en garde contre ces jugemens hazardés. Il en eſt de même des démonſtrations indirectes ou poſtiches, & des argumens abſtraits de la Géométrie des imperceptibles, qui réduit tout en doute, en prétendant arriver à la même exactitude que l'intelligence ſuprême, qui ne doute jamais. La *Géométrie méthaphyſique* & le *calcul méthaphyſique* réduits à des idées indéterminées, ne donnent jamais que des notions abſtraites & générales qui ne ſont pas toujours applicables, avec évidence, aux vérités poſitives de la Géométrie démonſtrative. Et par-tout les notions abſtraites, ſéparées des idées concretes, même les axiômes méthaphyſiques n'engendrent que des ſophiſmes. Quand on dit que deux & deux font quatre, on ſuppoſe, ſans doute, des quantités égales, que deux toiſes & deux toiſes, par exemple, font quatre toiſes ; mais il faut que les toiſes ſoient connues & dénommées, pour que l'axiôme ſoit évident, autrement, cet axiôme pourroit n'être pas vrai ; car deux toiſes & deux pieds font quatorze ; cet axiôme ſeroit un ſophiſme. On ne ſauroit être trop en garde contre les abstractions idéales, lesquelles formoient jadis l'art illusoire des Sophistes & des Pyrroniens. Ainsi ceux qui jugent en Géométrie, & ceux qui y sont jugés, ont bien des écueils à éviter.

COROLLAIRE.

Division géométrique de la circonférence du Cercle en 360 dégrés, & le dégré à l'infini.

Divisez en trois parties égales l'arc d'un angle du décagone, qui est de 36 dégrés. Chacune des parties de cette Trisection sera de 12 dégrés; divisez encore une de ces parties en trois dont chacune aura quatre dégrés, que vous diviserez & soudiviserez par moitié jusqu'à un dégré, ces soudivisions, par moitié, pourroient ensuite se continuer à l'infini, si l'art pouvoit les exécuter; mais elle peut aller aussi loin que la Géométrie démonstrative sensible peut l'exiger, dans les démonstrations les plus précises de la Cyclométrie.

On pourroit rassembler plusieurs autres Corollaires de la Trisection de l'angle, qui s'étendent aux deux proportionnelles

entre deux extrêmes, à d'autres Problêmes réputés solides, & à divers Problêmes réservés au calcul, & que la Trisection de l'angle ramene à la Géométrie démonstrative proprement dite. On ne parle
pas encore du fameux Problême de la
quadrature du Cercle ; car il faut savoir au-
paravant ce que l'on demande : si c'est une
quadrature Métaphysique , qui est hors
de la Sphère de l'évidence, ou si c'est une
quadrature Géométrique, qui seroit aussi
un Corollaire de la trisection de l'angle ;
il en est de même de la déployée Métaphysique de la circulaire, & de la déployée Géométrique ; parce que, faute de
principes théoriques décidés, on conteste-
roit éternellement sans s'entendre : car
aucune des démonstrations, même des
Elémens d'Euclide, ne pourroit tenir contre les argumens spécieux de la Géométrie métaphysique, si on ne dédaignoit
pas ces abstractions captieuses, qui ne se
prêtent à la vérité des démonstrations que
sous la condition que les opérations sont
exactes, & qui ne peuvent que répandre
des doutes ténébreux sur cette condition ;
or ce qui ne se mesure pas décisivement,
ne doit pas être compris sous le nom de
Géométrie, quand même on pourroit y
adapter l'emploi des calculs abstraits ; car

es quantités en nombre abstraits ne sont
pas des mesures positives, ni des grandeurs
bornées ; par exemple, on sait par le calcul qu'un angle de l'Enéagone est de 40
dégrés; mais si on n'a pas géométriquement
la mesure d'un dégré, on n'aura pas celle
de cet angle de 40 dégrés.

PROBLÊME II. (*Pl. II*)

Trouver le rapport numérique de la Dia-
gonale avec le côté du quarré.

1°. Soit le quarré A B C D & ses deux
diagonales B D & A C.

2°. De l'ouverture du compas D A,
tracez l'arc A E C, qui porte la longueur
du côté du quarré sur la diagonale B D.

3°. Tracez de même l'arc semblable
A F C.

4°. Divisez en trois parties égales la
diagonale B D renfermée en trois parties séparément dans trois cercles égaux
dont les diamétres se trouveront divisés,
comme on le verra par la marche régu-
liere du compas, chacun en huit parties
égales.

5°. De la même ouverture du compas,

qui a formé les trois cercles des trois parties de la diagonale B D, décrivez le cercle, qui a pour centre le point de section E, à l'extrêmité du côté du quarré placé fur la diagonale B D.

6°. Décrivez le même cercle qui a pour centre le point de fection F.

7°. Ces cinq cercles fervent à divifer réciproquement en parties égales la diagonale & le côté du quarré par une fuite de cercles tous égaux, qui fe croifent de la circonférence au centre, & qui divifent les diamétres communs en parties égales.

8°. Cet entrelaffement de cercles égaux, qui fe tiennenr tous par des points de réunion, forment la divifion des diamètres des cercles, de la diagonale & du côté du quarré conjointement, de maniere que ces divifions, qui font communes à l'une & à l'autre, peuvent fe faire féparément & de la même maniere fur l'une & fur l'autre, par une mefure commune & décifive par elle-même en toute rigueur géométrique.

DÉMONSTRATION.

1°. Le cercle, qui a fon centre en E, à l'extrémité du côté du quarré porté fur la diagonale B D, & qui eft déterminé par cette extrêmité même fans autres indices ni rencontres dépendantes de la mefure de la diagonale, eft égal à chacun de tous les autres cercles qui mefurent le côté du quarré; fon rayon E *e*, qui fait partie du côté du quarré, eft divifé en quatre parties égales par l'entrelaffement des cercles égaux, qui fe croifent réciproquement de la circonférence au centre.

2°. Le cercle, qui a fon centre en F, & qui eft déterminé auffi par le point de fection de l'arc A F C, a fon diamétre entier qui fait auffi partie du côté du quarré pofé fur la diagonale B D; ainfi, les huit divifions du diamétre de ce même cercle peuvent être rapportées au côté du quarré en particulier, & reconnues pour communes ou pour égales à celle de la diagonale, qui eft auffi mefurée par des cercles égaux à ceux qui mefurent le côté du quarré & qui, par leur entrelaffement réciproque, mefurent l'un & l'autre. Toutes ces divifions diftinctes, égales & communes, fixent la mefure numérique du côté du quarré à dix-fept parties, & celle de la diagonale à vingt-quatre, toutes égales de part & d'autre, parce qu'elles font divifées par des cercles égaux, qui ont tous réciproquement leur centre à la circonférence les uns des autres, & qui font une mesure uniforme & commune au côté du quarré & à la diagonale.

Donc le rapport numérique, entre la totalité des quatre côtés du quarré & la diagonale, est comme 68 à 24, ou comme 17 à 6.

S C H O L I E.

Qu'est-ce qui m'assure, que le point de rencontre en E de l'extrêmité du côté du quarré avec le cercle R, est exactement un point de rencontre de réunion? C'est le rayon E *e* du cercle K qui est égal au rayon *e b* du cercle R, car ce sont deux rayons de deux cercles égaux, & divisés l'un & l'autre en quatre parties égales ; donc le point de rencontre *e* est un point de rencontre de réunion ; donc aussi le point de rencontre E avec le cercle R qui a son centre en *e*, est un point de rencontre de réunion ; donc les divisions du côté du quarré & de la diagonale sont communes pour l'une & pour l'autre.

C O R O L L A I R E.

Application de ce rapport au quarré de l'Hypotenuse.

Multipliez le côté du quarré K, sousdouble du quarré Z & fous-quadruple du quarré Y, 17 par 17, vous aurez 289 ; & la diagonale de ce même quarré K, 24 par 24, vous aurez 576. Le côté du quarré Y & la diagonale de ce même quarré Y font doubles du côté & de la diagonale du quarré K ; ainfi, multipliez le côté du quarré Y, 34 par 34, vous aurez 1156 quadruple de 289. La diagonale du même quarré Y étant multipliée 48 par 48, comme double de la diagonale du quarré K, le produit fera 2304, quadruple de 576.

Ces produits 1156 pour le côté du quarré Y, & 2304 pour la diagonale, fe divifent par moitié pour le quarré Z ; car la diagonale de ce quarré eft un côté du quarré Y ; & la diagonale du quarré K eft un côté du quarré Z ; par conféquent le quarré Y eft double du quarré Z, & le quarré Z double du quarré K ; auffi le produit du quarré Y eft-il double de celui du quarré Z, & quadruple de celui du quarré K. Mais le calcul du quarré Z n'a point de multiplicateur en nombres entiers, il faut y fuppléer par les multiplicateurs du quarré K & du quarré Y qui font proportionnels au quarré Z. Cependant on peut auffi, par le calcul, trouver le rapport numérique du quarré fimple au quarré double, pour avoir la mesure de leurs surfaces ; mais pour éviter les racines sourdes, il ne faut pas faire cette recherche par le rapport des côtés des quarrés. Le quarré double a un tiers de périmètre de plus que le quarré simple, & ce tiers est toujours équivalent à dix-sept parties de la diagonale. Or ce tiers ne peut pas être partagé aux quatre côtés du quarré, sans fractions irrationnelles ; Ainsi il faut, dans la progression d'un quarré à l'autre, ajouter dix-sept, soit au multiplicateur, soit au multiplicande ; mais à l'un ou à l'autre seulement. Le quarré simple se multiplie dix-sept par dix-sept : ainsi il faut multiplier le quarré double, trente-quatre par dix-sept : on aura un produit double de celui du quarré simple. Le quarré double en surface, a un tiers en dedans ou quart en dehors, de moins de contours, que le quarré quadruple en surface. Il faut donc encore, pour suivre la même progression, du quarré double au quarré quadruple, ajouter dix-sept & multiplier par conséquent trente-quatre par rtente-quatre, pour avoir un produit qui soit double de celui du quarré qui a été multiplié, trente-quatre par dix-sept. Ainsi le produit du quarré Y sera double de celui du quarré Z, & quadruple de celui du quarré

quarré

quarré K. Quelques Eleves en Géométrie diront peut-être, 34 multipliés par 17 ne forment pas un quarré ; mais on ne cherche pas ici à former un quarré par des chifres. Le quarré dont il s'agit est formé géométriquement, & géométriquement il est double du quarré K ; *son aire*, ou sa surface, doit contenir le double des parties égales, chacune à chacune, de celles de la surface du quarré K, & tout Calculateur qui ne peut pas les compter par le calcul, est en défaut lui ou son calcul ; car la Géométrie ne fléchit point vis-à-vis le calcul, comme il sera prouvé ailleurs.

PROBLÊME III.

Construire les Polygones primitifs.

PAR la division géométrique du cercle en 360 degrés, & le degré jusqu'à l'imperceptible, on peut faire tous les angles de Polygones primitifs ; parce qu'on pourra alors prendre sur le cercle le nombre de degrés, & les fractions que doivent avoir les arcs qui mesureront les angles des Polygones qu'on voudra construire. (*Voyez le Corollaire du premier Problême*).

B

Conftruction des Polygones primitifs.
(*Pl.* III. *Fig.* I.)

Soit A B C D quart du cercle R.

Divifez-le par moitié par la diamétrale *a* K.

Divifez-le auffi en trois parties égales par les lignes V *ʒ* & V *r*, qui coupent par moitié les deux arcs A Q, & Q D.

Tirez par les points de fection B, C du quart de cercle A B C D, la ligne O P, triple de B C.

Divifez cette ligne O P en autant de parties égales que le Polygone que vous voulez conftruire a de côtés ; par exemple, fi c'eft un *Eptagone* ou Polygone de fept côtés, on la divifera en fept parties.

Prenez une de ces fept parties, portez-la de *b* en *r*, & tirez la ligne *v r e* parallele à la diamétrale *a* K, & qui coupera le quart de cercle en *v*.

Prenez la mefure *a v*, qui eft la mefure de l'hypoténufe de l'angle droit fuppofé *a b v* ; portez-la quatre fois fur la portion A 4 du cercle A B C D. Ces quatres parties donneront la mefure de l'arc A 4 de l'angle 4 X A, qui fera un des angles de l'*Eptagone* que vous voulez infcrire dans le cercle X.

DÉMONSTRATION.

I.

Tirez la ligne $b\,a$, triple de A 4, du point 4 au point b, décrivez l'arc $b\,t$, & du point A au point a, l'arc $a\,m$, les deux cordes Am, & 4 t feront égales à la corde de l'arc A 4. Continuez ainfi de fuite, vous aurez la divifion du cercle X en fept parties égales, qui feront les fept arcs des fept angles de l'*Eptagone*. Ceci n'eft qu'une démonftration fubféquente qui n'a pas fes rapports décififs dans la conftruction ; c'eft plus une fuite de conftruction, qu'une démonftration rigoureufe prife dans la conftruction, comme celle que l'on va donner, qui eft tellement comprife dans la conftruction par des rapports affurés, qu'elle tire fa certitude des mefures de la conftruction même.

II.

Le rayon $x\,a$ coupe à angle droit, & par moitié la corde de l'arc $v\,o$, cette moitié de la corde eft le finus de la moitié d'arc $a\,v$, ce finus forme un angle droit avec le rayon $x\,a$, ce rectangle eft fermé par l'arc $a\,v$, & la corde de cet arc eft l'hypoténufe de ce même rectangle: l'hypoténuse est plus longue que le sinus, & toujours proportionnelle au sinus; ainsi, la longueur du sinus de l'arc *a v* fixe toujours la longueur de la corde *a v* de cet arc *a v*, dont il falloit trouver la mesure. Or la longueur du sinus est déterminée par la parallele *v r e* réglée par une septième partie de la ligne *o p*, par laquelle on peut mesurer le sinus, dont on a besoin pour indiquer l'hypoténuse *a v* du triangle rectangle *a b v*; & c'est cette hypoténuse, qui est la mesure de la division en quatre parties de l'arc 4 A des triangles 4 X A de l'*Eptagone*; ainsi l'on peut par un semblable procédé, trouver de même tous les autres Polygones primitifs ; ce qui est évident par la trisection connue du quart de cercle où le sinus *b* B fixe en B le terme de l'hypoténuse *a* B , qui est la corde d'un sixième du quart de cercle D C B A , & par conséquent la corde de la quatrième partie de l'arc d'un des triangles de l'exagone, qui se trouve démontrée ici par la même opération, qui a aussi un rapport régulier avec l'échelle des trois quarrés Y, Z, K, (*fig.* 2).

Si la ligne *a d* est égale à *b o*, (*fig.* 1), la diagonale *q c* du quarré Z sera égale à la proportionelle *ff* X , & la diagonale *c p* du

quarré K , sera égale à la proportionelle
*œ*K. Ainsi, on a la mesure des deux pro-
portionelles qui décident la solution du
problême de la trisection de l'angle , comme on l'expliquera *Pl.* V , dans la réfutation de la prétendue impossibilité de cette
trisection.

DISCUSSIONS

GÉOMÉTRIQUES.

La certitude des vérités géométriques
est généralement reconnue.

Mais il y a différentes manières de comprendre les principes de cette certitude ;
parce que la théorie des connoissances s'est
établie sur deux bases , qui induisent à des
raisonnemens sur lesquels les hommes ne
s'accordent pas.

Les uns fixent la certitude à leurs *Apperceptions ;* les autres veulent l'étendre jusqu'à la conception des abstractions métaphysiques , qui séparent absolument les
attributs qui constituent les êtres. Ceux-
ci , en réalisant idéalement ces abstractions , croyent les comprendre avec évidence , & soutiennent que *ce qui est conçu*

clairement & diftinctement eft vrai ; ceux-là difent que *ce que l'on n'apperçoit pas eft inconnu ;* parce que nous ne pouvons parvenir à la connoiffance des chofes, que par des fenfations qui nous les indiquent, ou qui nous les repréfentent (*).

Voilà l'état de la queftion fur l'étendue & les limites des connoiffances que nous pouvons acquérir avec certitude.

Quelles font donc ces deux facultés, *appercevoir* & *concevoir ?* Faut-il appercevoir pour concevoir, ou faut-il concevoir pour appercevoir ? ou peut-on con-

---

* Nos fenfations, qui font, pour ainfi dire, les premiers élémens de notre penfée, peuvent fe réduire à trois genres.

1°. Les fenfations purement affectives, & qui ne repréfentent rien ; telles font les fenfations de douleur, de plaifir, d'odeurs, de fons, de chaleur, de froideur, &c. Ce font ces fenfations, felon qu'elles font agréables ou défagréables, qui forment les motifs qui déterminent notre volonté.

2°. Les fenfations repréfentatives de grandeurs bornées, de formes de figures, &c. Ces fenfations conftituent nos idées ou images des objets que nous appercevons; elles nous font connoître & diftinguer ces objets.

3°. Les fenfations indicatives, lefquelles font compoées des deux genres de fenfations précédentes ; elles nous avertiffent par les propriétés, par les effets, par les fenfations affectives qu'elles nous caufent, de l'exiftence des objets fans nous les faire connoître : un bruit, par exemple, que l'on entend au-deffus du plancher d'une chambre où l'on eft, indique une caufe qui a occafionné ce bruit ; mais cette indication ne repréfente point la caufe de ce bruit même.

cevoir ſans appercevoir , & appercevoir ſans concevoir ? Ces mots ont-ils dans le langage une ſignification bien claire & bien préciſe ; cela devroit être ſans doute, puiſqu'ils ſont les premières expreſſions de notre intelligence.

Les Géomètres diſent qu'ils conçoivent un point ſans étendue ; on conçoit donc ce qu'on ne peut pas appercevoir. Dans ce ſens , on concevroit ce que l'on ne peut pas comprendre. Ainſi, on concevroit ce qui eſt imperceptible & incompréhenſible. On dit que l'on peut penſer à la longueur d'une ligne ſans penſer ni à cette ligne , ni à ſa largeur ; c'eſt-à-dire , que l'on peut penſer à un attribut eſſentiel d'un ſujet, ſans penſer au ſujet ni aux autres attributs eſſentiels de ce même ſujet ; mais penſer à un attribut ſans penſer à l'autre , c'eſt oublier dans ce moment celui auquel on ne penſe pas : or, cet oubli ne laiſſe alors à l'eſprit qu'une idée incomplette d'un être & de ſes dépendances eſſentielles & réellement inſéparables. On ne peut donc pas les concevoir comme ſéparés lorſqu'on les oublie ; car on ne peut concevoir ſans penſer à ce que l'on conçoit, & on ne peut pas non plus concevoir diſtinctement une choſe lorſque l'idée de cette choſe ne ſe préſente pas

B iv

complettement à l'efprit : on peut , il eft
vrai, y penfer fans la comprendre avec
fes attributs conftitutifs ; mais alors ce
n'eft pas la concevoir ; car il ne faut pas
confondre la conception avec des penfées
indéterminées , dénuées d'idées ou d'images. Qu'eft-ce donc que concevoir ? Ce
feroit, felon l'éthymologie du mot, réunir, raffembler toutes les notions qui peuvent former l'idée complette d'une chofe
que l'on veut connoître ; mais ici c'eft tout
l'oppofé ; c'eft abftraire ou défunir , &
faire difparoître le fujet & fa forme , pour
fe faire une idée dénuée de toute réalité fur
laquelle l'efprit peut s'exercer fans aucun
affujettiffement aux vérités pofitives, qui
peuvent être connues avec évidence. Voilà
où fe réduit la fignification du mot *conception* , employé par les Géomètres pour
exprimer leurs abftractions métaphyfiques , & pour militer contre l'évidence
de la lumière naturelle , qui établit la
certitude des connoiffances humaines.

Ainfi, en croyant , ou en faifant ac-
croire que l'on conçoit les abftractions
métaphyfiques qui , dans le vrai , ne font
ni perceptibles, ni concevables , on ne
penfe pas que c'eft attaquer la certitude
de toutes les connoiffances phyfiques fur
lefquelles les hommes règlent leur con-

duite & leurs actions pour leur sûreté & leur conservation. Les Sophistes ont nié par des raisonnemens abstraits l'existence des corps, du mouvement, &c. Les instructions qu'on alloit recevoir dans leurs Ecoles, consistoient dans une dialectique subtile & captieuse, par laquelle on pouvoit, en séparant les attributs des êtres, soutenir le pour & le contre, & répandre un doute universel sur les vérités qui constituent la raison humaine. Enfin la philosophie lumineuse s'est affranchie de ces abstractions insidieuses, & les plus fameux argumens du Pyrronisme sont tombés en dérision.

Ce n'est plus qu'en Géométrie où l'on trouve encore les traces de cette marche ténébreuse des anciennes Ecoles ; on y tient constamment à une petite théorie spécieuse qui élève l'esprit au-dessus des sens, & qui s'apprend en quelques minutes; quand on a dit un point sans étendue, une ligne sans largeur & sans profondeur, une surface sans épaisseur, des points de contact & de section, qui ne tiennent point de place dans le lieu où ils sont, & qui, sans être accessibles aux sens, doivent présider sur toutes les opérations de la Géométrie démonstrative ; tout est dit, & c'est dire en dernière analyse qu'il n'y a à cet égard ni Géomètres ni Géométrie; car il n'y a là ni apperceptions, ni appercevans, ni apperçus, ni opérations décisives, &c. Les calculs sublimes qui se prettent, autant que l'on veut, aux perceptions intellectuelles, ne peuvent cependant y suppléer; car pour compter ou calculer des mesures, il faut des termes connus. Si au contraire la Géométrie démonstrative est reléguée dans l'imperceptible, elle est anéantie, & ne laisse que des doutes qui sont étrangers, & qui heurtent le bon sens & révoltent la raison.

Cependant il y a une Géométrie démonstrative, une science des grandeurs, des Géomètres qui en démontrent les vérités, des points réels sensibles, des lignes visibles qui s'approchent, qui se touchent, qui se confondent, qui se croisent, qui ont leur place marquée, & qui nous retiennent rigoureusement dans les bornes du *cognoscible*.

Mais lorsqu'on répand un peu de Géométrie métaphysique sur ces vérités connues, on les obscurcit au point qu'on n'y reconnoît plus ni exactitude, ni certitude décisives. Ces spéculations sublimes & idéales ne peuvent être regardées que comme un badinage d'esprit; car il faut, pour l'ufage des hommes, une fcience de mefurer, refpectable par fon utilité & par fa certitude ; mais cette fcience a befoin d'être délivrée d'une fauffe théorie qui la dégrade, & qui en arrête les progrès. Elle s'eft fixée principalement aux lignes tangentes, à l'arc immergé dans une rectiligne, & aux points de rencontre indéterminés ; il faut pénétrer dans ces réduits obfcurs pour démêler les vérités pofitives d'avec les notions idéales qui les enveloppent & les affujettiffent à des erreurs myftérieufes & impofantes.

De la Ligne tangente, & de l'Arc immergé dans une Ligne droite. (Pl. IV).

La ligne tangente métaphyfique eft une ligne droite fuppofée fans largeur, qui baife en un point une ligne circulaire, fuppofée auffi fans largeur, & de là le point de contact avec fa tangente eft appellé *point d'ofculation ;* parce que ce point eft fuppofé ne porter ni fur l'une ni fur l'autre ligne ; ce qui fe réduit à une fiction abfurde dans l'ordre inacceffible aux fens, parce que le prétendu contact de ces deux lignes ne peut être affujetti à aucune évidence, ni à aucune preuve qui en démontre la certitude. Ainfi, il n'y a là que des suppofitions fur lefquelles on ne peut affeoir aucun jugement : auffi , dans les opérations effectives de la Géométrie , faut-il fe repréfenter ce point de contact par la rencontre d'une ligne droite fenfi-ble QX , & d'une ligne circulaire fenfi-ble ABD , tracées felon des règles pref-crites par la Géométrie démonftrative ; mais alors chacune de ces lignes a fa largeur, &c. l'une & l'autre fe réuniffent à leur rencontre en A , fe pénètrent réci-proquement , de façon que la ligne druite couvre plus de deux dégrés de la ligne circulaire , ce qui ne peut plus fe concilier avec le prétendu point d'ofculation de la ligne droite , que l'on fuppofe toucher extérieurement en A la circulaire à l'ex-trémité du rayon AO. Si j'obferve idéa-lement que ces deux lignes, qui ont l'une & l'autre une largeur , ont auffi l'une & l'autre deux bords ; cette obfervation m'indique alors plufieurs remarques à faire, qui peuvent fervir à débrouiller ce petit cahos.

Les largeurs de ces lignes font con-fondues enfemble dans tout le trajet de leur immerfion réciproque ; ainfi , je conçois que le bord extérieur de la ligne droite *ll* peut rafer du même côté le bord de la circulaire au fommet de l'arc en A ,

où le rayon AO coupe par moitié l'arc
& fa corde ; & je conçois auffi que le
bord intérieur de la ligne *ll* fera la corde
de l'arc *l*A*l*.

Mais il faut alors que j'abandonne l'idée
du point d'ofculation d'une ligne droite
fans largeur, qui baife extérieurement une
ligne circulaire auffi fans largeur ; car les
lignes géométriques dont il s'agit font
dans la réalité d'une autre nature, & dans
une autre pofition que ces prétendues
lignes fans largeur, dont la pofition, ni
leur contact idéal, ne peuvent être établis
par aucune opération géométrique, &
dont on ne peut avoir que des idées factices
& indéterminées, qui ne peuvent être
d'aucun ufage dans la fcience de mefurer.
Ainfi au lieu d'un point d'ofculation de
deux lignes, je conçois néceffairement
deux points réunis bord à bord, & une
immerfion réciproque de deux lignes
géométriques qui fe confondent enfemble
dans l'étendue de plus de deux degrés de
cercle, où l'arc de ces deux degrés de la
circulaire n'a de courbure que celle qui
chemine dans la largeur de la ligne droite
ll dans laquelle cet arc eft immergé.

Or, fi l'immerfion *ll* de ces deux lignes
géométriques étoit totale dans toute fon

étendue *ll*, la courbure de l'arc immergé seroit entièrement comprise dans la largeur de sa corde, dans toute l'étendue de l'immersion réciproque de ces deux lignes, & la corde de l'arc seroit elle-même, dans tout le trajet de l'immersion, la tangente géométrique de l'arc, & aussi la corde géométrique de cet arc. Ainsi il faudroit reconnoître alors que la tangente & l'arc seroient confondues ensemble dans une grande étendue, ce qui impliqueroit contradiction dans les idées d'arc & de tangente ; aussi ne peut-on pas concevoir une immersion totale de l'arc & de sa corde dans une plus grande étendue que celle d'un point géométrique ; car une ligne circulaire géométrique ne peut s'immerger que graduellement dans une ligne droite géométrique, jusqu'à ce que l'une & l'autre se trouvent complettement réunies en un seul point géométrique.

Mais encore est-il évident que ce point & ces lignes géométriques, qui ont une largeur réelle, doivent se rencontrer & s'immerger en plein en un seul point géométrique commun, parce que l'opération géométrique, qui les établit, les assujettit nécessairement à cette immersion totale en un point commun géométrique, & que dans tout le reste du trajet de l'immerſion, elle les fait rapprocher de plus en plus de cette immerſion totale en un point géométrique commun à l'arc, à la corde, & à la tangente géométrique.

Ainſi on ne pourroit, par toute autre manière d'enviſager ces rapports, que ſe former des idées de meſures indéterminées & indéterminables, incompatibles avec la ſcience de meſurer.

Donc en parlant géométriquement, il y a dans les rapports d'immerſion un point géométrique de réunion en plein, & des points géométriques de rapprochemens à différens degrés, qui cependant ſont tous compris dans la ligne géométrique d'immerſion ; en ſorte que tous ces points d'approchemens, pris chacun ſéparément, peuvent, dans les cas où ils correſpondent à d'autres points invariables dans les grandes & petites meſures, équivaloir à des points de réunion, & fournir pour les meſures des rapports déciſifs, comme on le prouvera ci-après, & comme il ſera expliqué & prouvé encore dans la théorie de la quadrature du cercle, où les meſures exigent la plus grande préciſion, pour prouver des rapports aſſurés, outre la ligne droite & la ligne circulaire, & où les abſtractions métaphyſiques ont toujours dérouté la Géométrie ; car les *idées méta-*

physiques ne font que des idées physiques indéterminées, qui excluent toute évidence de précifion réelle ; par exemple, je n'ai qu'une idée incomplette d'une ligne, quand je penfe à fa longueur fans penfer à fa largeur ; & fi je prends une dimenfion de la ligne pour la ligne même, mon oubli eft une erreur qui ne change rien dans le phyfique de la ligne. On doit donc, pour revenir ici à une précifion phyfique évidente, envifager tout enfemble la ligne tangente, le rayon, l'arc & fa corde réduits au point A, dans le plus petit efpace perceptible poffible, où leurs mefures font portées à la plus grande exactitude à laquelle nous pouvons parvenir, & qui eft pour nous le dernier terme de l'évidence géométrique, mais qui nous fuffit pour juger de la certitude des mefures que nous voulons connoître ; car celles qu'on prétend rapporter aux abftractions métaphyfiques, ne font pas des mefures, puifque ces abftractions excluent tout objet mefurable, & ne préfentent que des impoffibilités qui arrêtent les progrès de la Géométrie.

Du point de rencontre indéterminé.

L'idée abstraite du point sans étendue, & des lignes sans largeur, a obscurci toute la théorie des points compliqués & de l'immersion réciproque des lignes géométriques; on croit, par exemple, que les deux circonférences sensibles des cercles excentriques, dont l'un a son point central en O, & l'autre en *g* [*Pl.* IV.] & leur point commun de réunion en grand C; on croit, dis-je, que les circonférences de ces cercles, qui s'approchent de plus en plus l'une de l'autre vers grand C, ne se touchent pas avant que d'y arriver, & qu'il y a entre elles une séparation imperceptible & un approchement graduel jusqu'à leur point commun grand C: cependant si l'on trace en rouge la circonférence du cercle, qui a son centre en O, & si l'on trace en noir celle du cercle qui a son centre en *g*, on voit qu'à mesure que celle-ci approche du point C, le noir couvre de plus en plus l'autre circonférence qui est en rouge; de façon que proche le point C, le bord du rouge devient imperceptible & disparoît entierement, avant que les circonférences se trouvent au point commun C.

C

Si les lignes circulaires font confidérées phyſiquement, on ſera forcé de reconnoî-tre deux vérités qui ne ſe manifeſtent pas au premier aſpect.

1°. Que l'immerſion réciproque de ces deux lignes doit commencer fort loin du point de réunion C, & s'accroître de plus en plus à meſure qu'elle approche de ce point, parce qu'il eſt phyſiquement im-poſſible que cette immerſion puiſſe devenir totale en C, ſans s'accroître graduellement à meſure qu'elle en approche.

2°. Que les deux bords de chacune de ces lignes ne peuvent être compris com-plettement dans l'immerſion, qu'au point de réunion C, & que les bords impercep-tibles qui reſtent à découvert diminuent continuellement & à l'infini juſqu'à ce point; de ſorte que, proche du point de réunion, ils ne peuvent plus être exceptés de l'immerſion dans les opérations de la Géométrie démonſtrative, parce qu'ils ne peuvent plus être ſaiſis par les ſens; ce-pendant on peut, dans la rencontre de ces lignes, diſtinguer intellectuellement le point de réunion d'avec les points d'appro-chement de différens dégrés imper021cepti-bles. Mais cette diſtinction eſt nulle dans les démonſtrations de la Géométrie, tant que ces points d'approchement ſont aſſujettis invariablement, dans les opérations, à des conditions assurées, où ils ne peuvent se séparer ni s'éloigner en aucun cas, soumis à ces mêmes conditions, qui rendent ces points de rencontre d'approchement équivalens à des points de rencontre de réunion. Ce que l'on dit de deux lignes qui se rencontrent doit s'entendre de même de la rencontre de deux points plus ou moins immergés réciproquement l'un dans l'autre, & à tel degré qu'ils ne forment ensemble qu'un seul point sensible.

Si du point g pour centre au point petit c, je trace l'arc petit c & grand C, il sera le même que si je le traçois à contresens de grand C en petit c, parce que, dans l'un & l'autre cas, la pointe de mon compas couvre totalement les deux lignes confondues en une seule ligne sensible, en grand C & en petit c : ainsi, dans cet exemple, le point d'approchement en petit c, & le point de réunion en grand C sont équivalens pour mesurer l'angle isoscele g C par l'arc C c. Cependant la Géométrie métaphysique décidera que le côté g grand C est plus petit que le côté g petit c, parce que le point petit c, qui est à la circonférence du cercle extérieur, est intellectuellement plus éloigné de g que le point grand C, qui est le point de réunion de la circonférence du cercle intérieur avec celle de l'extérieur.

C'est ainsi qu'il y a presque toujours dis-cordance entre la Géométrie métaphysi-que & la Géométrie démonstrative, & que les Géomètres ont toujours prononcé en faveur des vérités intellectuelles, au préju-dice des vérités positives fixées par la Géo-métrie démonstrative ; on ne doit donc point s'étonner de ce que les progrès de la Science de mesurer aient été arrêtés par les fausses applications de la Géométrie des imperceptibles à la Géométrie sensible, & de ce que la théorie du point de rencontre soit restée enveloppée dans l'incertitude de cette marche ténébreuse.

J'ai dit que, dans les points de rencon-tre, les points confondus en un seul point sensible, sont toujours équivalens au point de réunion, tant qu'ils sont assujettis inva-riablement, dans les grandes figures com-me dans les petites, aux mêmes conditions dans les opérations de la Géométrie dé-monstrative ; car tant que le point g sera aussi près du point O, & que le point petit c sera aussi près du point grand C, le point d'approchement de la circonférence du cercle intérieur & le point d'approche-ment de la circonférence du cercle exté-rieur, ne formeront ensemble qu'un seul point fenfible, que la pointe du compas couvrira entierement dans les opérations géométriques, foit dans les grandes, foit dans les petites mefures, où l'opération fera toujours, à l'égard de ces mêmes points, affujettie invariablement aux mêmes mefures confidérées abfolument & non pas proportionnellement à la grandeur des figures.

Si, dans d'autres mefures où la conftruction peut varier, le point *g* fe trouvoit plus éloigné du point O, ou bien le point petit *c* plus éloigné du point grand C, alors le point de rencontre, qui, dans une petite mefure prife par tâtonnement, ne feroit qu'un feul point fenfible, pourroit, dans une plus grande mefure, n'être plus un point de rencontre; mais des points féparés, & peut-être même fort éloignés les uns des autres : or ce n'eft que dans ce cas où le point de rencontre doit être fufpect dans les démonftrations 'géométriques ; mais ce cas ne peut arriver que par un changement confidérable dans la conftruction, ou dans une conftruction défectueufe qui peut être réduite à l'abfurde ; car l'erreur ne vient jamais du point de rencontre ; & dans une bonne conftruction, il eft toujours dans le chemin de la démonftration. Mais encore peut-on juger par la ftabilité

ou l'inftabilité de l'enfemble de la conftruction, fi la disjonction d'un point de
rencontre eft poffible ou impoffible.

Le point *p* eft le centre d'un cercle ex-
centrique au cercle qui a pour centre le
point O, & au cercle qui a pour centre le
point *g*; mais le centre *p* eft fi éloigné du
centre O & du centre *g*, que l'on doit reconnoître que la circonférence du cercle
qui a fon centre en *p*, & qui a *p*C pour rayon,
ne rencontrera pas en petit *c* les circonférences des deux autres cercles en *c*; mais
on fera très-affuré qu'il les rencontrera fort
près du point grand C, & que le point
d'approchement en cet endroit fera équivalent, dans une démonftration, à un point
de réunion : il en eft de même fi les points
C *c*, & O *g*, & *m a* font auffi proches, ou
s'ils font plus proches l'un de l'autre dans
les mefures plus ou moins grandes.

Il ne peut y avoir à cet égard aucun
doute, lorfque le point de rencontre renferme le point d'approchement & le point
de réunion, & que leurs rapports avec
leurs points correlatifs reftent invariablement les mêmes dans les grandes comme
dans les petites mefures; car le point d'approchement & le point de réunion ne pourront jamais fe féparer, parce qu'ils font affujettis au même point par leurs correlatifs.

Alors le point de rencontre qui, avec toutes ces conditions requifes, renfermera le point de réunion & le point d'approchement, alors, dis-je, ce point commun fera toujours un point démonftratif. Il faut donc envifager tout enfemble le point de rencontre & fes points correlatifs, pour ne pas accufer fauffement de paralogifme un point de rencontre ; cependant rien n'eft plus commun que cette imputation, & rien n'eft plus rare que l'erreur du paralogifme dans un point de rencontre, qui renferme bien démonftrativement le point de réunion & le point d'approchement : alors c'eft fouvent le Juge qui eft dans l'erreur . & c'eft fa Géométrie métaphyfique, qui ne reconnoît point l'évidence des vérités pofitives, qui l'égare, & qui en impofe auffi à l'Auteur de la démonftration par l'authenticité que ce genre de décifion a acquife parmi le commun des Géomètres.

Le diamètre $m\,n$ du cercle intérieur qui a fon centre en g, rencontre en O le centre du cercle extérieur, & ce point de rencontre O, qui ne forme qu'un feul point fenfible, renferme le point réel d'approchement du diamètre $m\,n$ du cercle intérieur, & le point réel de réunion du diamètre A C. Si de ce point de rencontre O au point petit c, qui eft un autre point

d'approchement, on décrit un cercle, ce
cercle fera le même que le cercle ABCD ;
c'eſt-à-dire, en ſuperpoſition ſur ce même
cercle, dans toute ſon étendue : cette ſuperpoſition totale ſur un cercle ou ſur une
ligne appartenante à une conſtruction,
m'aſſurera par-tout, qu'en pareille conſtruction, ce cercle ou cette ligne ſeront les
mêmes que leurs ſuperpoſés, qui s'y ajuſ-
teront exactement dans toute l'étendue de
leur trajet quel qu'il ſoit; ce qui peut ſervir à déterminer l'union des points de rencontre qui ne ſont pas ſuſceptibles de ſé-
paration, tant qu'ils ſeront aſſujettis, par
la conſtruction, à des conditions déciſives
& invariables ; c'eſt-à-dire, tant que les
diſtances C c & $m\,a$, par exemple, reſte-
ront toujours les mêmes; alors les chicanes de la Géométrie métaphyſique attaque-
ront en vain ces vérités poſitives de la
Géométrie démonſtrative : autrement il
faut renoncer à cette Science pour ſe perdre dans la Géométrie des imperceptibles
dont la prétendue exactitude, qui n'eſt ſuſceptible d'aucune démonſtration, anéantit toute certitude. La pierre de touche de
la futilité de toutes ces chicanes fallacieu-
ſes, eſt de montrer qu'on peut les étendre
à toutes les démonſtrations les plus décidées des élémens de la Géométrie, &

qu'elles répandront un doute général sur toutes les vérités positives de la Science de mesurer.

ÉXEMPLE.

La ligne B D eft un diamètre du cercle A B C D, parce qu'elle rencontre dans son trajet le point central O; mais on peut contefter cette affertion par la Géométrie métaphyfique; on conteftera même qu'il foit poffible d'établir fûrement un tel dia-mètre dans un cercle; car il faudroit prou-ver que l'opération a faifi précifément cinq points mathématiques imperceptibles : or l'imperceptibilité de ces points ex-clut toute évidence & toute démonftra-tion : donc on ne peut pas affirmer que la ligne BD foit un diamètre du cercle ABCD qui coupe à angle droit le diamètre A C : donc cette ignorance où incertitu-de de la Géométrie des imperceptibles peut attaquer par-tout l'évidence des véri-tés pofitives de la Géométrie démonftra-tive. A l'appuy de ces incertitudes vient le quarré de l'hypoténufe, où un calcul impofant joue le plus grand rôle pour dé-mentir les vérités les plus fimples & les plus évidentes de la Géométrie naturelle. (*Voyez les élémens de Géométrie de M.*

Clairaut, page 94 & suivantes.) Pour se rapprocher de la vérité qu'on ne peut pas éluder dans les démonstrations, on a cherché à masquer l'erreur du calcul par le calcul même, en étendant si loin les divisions des mesures, que dans chaque partie les excédens soient si petits qu'ils puissent être réputés pour rien. Mais, si l'on fait attention que, dans les grands calculs, la somme totale des petits excédens ne forme pas un petit excédent, on reconnoîtra l'illusion de ce subterfuge; car, par cet usage arbitraire du calcul des infiniment petits, on changeroit le nombre des parties proportionnelles des surfaces de différente grandeur; ainsi les grandeurs naturelles des parties changeroient à la volonté du Calculateur; cet abus du calcul, qui anéantit les infiniment petits, ne seroit pas recevable dans les partages, puisqu'il anéantiroit toute grandeur divisée à l'infini; au lieu qu'en Géométrie on reconnoît toujours, par exemple, que le diamètre commun de plusieurs cercles concentriques, indique une division intellectuelle qui est en même raison pour les plus grands cercles & pour les plus petits, & qu'à l'égard de l'exactitude rigoureuse de la division technique, elle dépend de l'habileté de l'Artiste; mais ce sont les condi-

tions fous - entendues qui décident.
Le calcul n'est pas un moyen fuffifant
pour trouver & démontrer les mefures géométriques ; il ne peut fervir qu'à les compter lorfqu'elles font trouvées, & il ne s'a-
jufte aux mefures des furfaces des quarrés,
que par des nombres multiples, ou bien
par des nombres réverfibles qui fuppléent
aux nombres multiples ; tel eft, par exemple, le nombre 1156, qui fe partage régu-
lièrement aux mefures géométriques de
l'échelle des trois quarrés Y, Z, K (*Pl.* **II.**
Fig. 2), & qui s'ajufte aux rapports de
leurs côtés avec leurs diagonales. Les
nombres multiples manquent fouvent dans
les calculs : alors ils conduifent à des la-
cunes qu'ils ne peuvent remplir. Si, par
exemple, le produit d'une mefure de furface quarrée doit être 578, le nombre
multiple le plus proche ne donnera que
576 ; car le nombre 578 n'a point de multiplicateur en nombres quarrés : mais fi on
multiplie les côtés du quarré quadruple 34
par 34, on aura 1156, qui, divifés par
moitié, donneront 578 pour le quarré
double Z établi fur la diagonale du quarré
fous-quadruple K, & dont il faut fuppléer
le multiplicateur qui lui manque par le
multiplicateur du quarré quadruple Y ;
car c'eft ce multiplicateur, qui manque,

qui a fait naître le paralogifme qui décide une incommenfurabilité de rapports de furfaces quarrées. Cette infuffifance des calculs multiples, quoique bien connue, a paru avoir fon principe dans les objets mêmes dont les mefures échappent au calcul, & on a cru décidemment qu'ils font géométriquement incommenfurables, parce qu'ils font incalculables. En effet, on s'eft fixé conftamment à cette décifion à l'égard du rapport de la diagonale avec le côté du quarré, & à l'égard de deux quarrés dont l'un eft établi fur la diagonale de l'autre, & l'on en a tiré des conféquences qui contrarient l'évidence la plus lumineufe en Géométrie. Cependant le côté du quarré K, & le côté du quarré Y ont une moyenne proportionnelle qui leur eft commune, comme on l'a vu ci-devant Corol. du Probl. II. & qui donne un calcul conforme aux mefures géométriques de l'échelle des trois quarrés K, Z, Y.

Néanmoins on a conclu que *l'addition des figures femblables eft une preuve décifive de la néceffité d'abandonner les échelles, quand on veut faire les opérations d'une manière qui puiffe fe démontrer rigoureufement.* Il eft vrai qu'il s'agit ici de démonftrations qu'on prétend établir par le calcul, & qui doivent l'emporter fur l'évidence

des démonſtrations de la Géométrie démonſtrative ; mais, ſi c'eſt ainſi qu'on l'entend, il faut qu'on nous faſſe connoître où
eſt cette évidence ſupérieure des démonſtrations attribuées au calcul appliqué à la
Géométrie démonſtrative ; celle-ci doit
elle-même, indépendamment du calcul,
trouver & démontrer évidemment ce
qu'on prétendroit trouver & démontrer
par le calcul qui, dans ſon application à
la Géométrie, ne peut avoir d'autre évidence que celle des meſures Géométriques
auxquelles il eſt aſſujetti pour compter ces
meſures, & non pour les trouver & les
démontrer : en effet, ce n'eſt qu'autant
qu'il peut s'y ajuſter, qu'on doit juger de
l'exactitude de ſon application en Géométrie, où ces mêmes meſures ſont déja démontrées évidemment. Tout le fond de la
Géométrie calculatrice & de la Géométrie
démonſtrative ſe rapporte au triangle. Or,
il faut former les triangles & meſurer leurs
différentes formes d'étendue, avant que de
les calculer par leurs baſes & par leurs hau-
teurs. Il faut donc alors reconnoître les
points ſenſibles des ſommets des angles,
ſans leſquels on ne peut calculer les triangles. Auſſi à cet égard les points ſenſibles
ſont-ils admis dans la Géométrie calculatrice & dans la Géométrie démonſtrative ;

comme la bafe de tout calcul & de toute mefure déterminable. En Géométrie, il ne faut pas feulement penfer vaguement à l'objet qu'il faut mefurer avec évidence; car l'évidence doit préfider à toutes les mefures, & au-delà de l'évidence elles font indéterminables. Ainfi, *tout raifonnement géométrique, fans évidence fur les mefures, ne conduit qu'à des fpéculations inutiles relativement à la Géometrie pofitive;* car c'eft l'évidence qui conftitue la Géométrie pofitive : elle eft la loi fuprême à laquelle elle doit toujours être affujettie, parce que la fcience de mefurer ne doit pas être une fcience d'opinion, car les opinions ne fe mefurent point; ainfi elle ne peut être une fcience métaphyfique, car les notions ou perceptions métaphyfiques ne fe mefurent pas non plus; mais on peut les compter; ce qui prouve que compter n'eft pas mefurer.

Il ne faut donc pas confondre *calculer* avec *mefurer*, ni rejetter par abftraction le point fenfible, & l'admettre dans la réalité; c'eft livrer une fcience à un langage équivoque & à une *Logomachie* ridicule. Donc, fi les fauffes applications de calculs, & les abftractions logiques, métaphyfiques, &c. dominoient dans la fcience de mefurer, il faudroit fe détacher entièrement de la Géométrie démonstrative, qui est la seule Géométrie réelle, la seule qui soit digne d'être placée au rang des Sciences lumineuses & nécessaires.

Il est donc essentiel de démêler les vérités positives évidentes de la Géométrie démonstrative d'avec les suppositions de la Géométrie des imperceptibles, & d'avec les spéculations mystérieuses & les fausses applications des calculs abstraits, qui embrouillent tellement la théorie de la Géométrie démonstrative, qu'elle ne peut pas, dans cet état ténébreux, former une véritable Science.

Mais l'évidence est trop impérieuse, elle maîtrise si souverainement l'esprit de quiconque l'apperçoit manifestement, qu'il ne peut être subjugué par l'erreur qui contredit la certitude des vérités sensibles de la Géométrie démonstrative ; ainsi, il doit arriver que l'évidence y dominera si décisivement, qu'elle élevera cette Science au plus haut dégré de clarté, de simplicité & & de facilité où toutes ses opérations pourront être démontrées sans renvois & sans complications embarrassantes, par les seules mesures d'évidence primitive. Alors son étude pourra être très-utile aux jeunes gens pour assujettir l'esprit à la précision, & former le jugement dans la recherche de la vérité.

DIVERSES CONSTRUCTIONS & *démonstrations de la Trisection de l'Angle.*

CONSTRUCTION. (Pl. V).

Soit A E D, l'angle proposé pour être divisé en trois parties égales. A B C D est l'arc qui le mesure. P K, la diamétrale qui le divise en deux parties égales. A D la corde de l'arc A B C D.

1°. Du point E pour centre au point A, achevez le cercle X de l'arc A B C D. Tirez son diamètre G I.

2°. Du point *t* pour centre au point E, décrivez le cercle Z, tirez sa tangente M N.

3°. Prenez la mesure de la corde A D, portez-la de K en M, & de K en N; du point M au point A, tirez la ligne M A, prolongée vers *b*, & de N en D, la ligne N D prolongée vers *c*.

4°. Prenez la mesure E G, portez-la de M en H, & de N en L, tirez la ligne H E prolongée en *c*, où elle se réunit à la ligne N *c*; tirez de même la ligne L E prolongée en *b*, où elle se réunit à la ligne M *b*.

De

De A en E, décrivez l'arc E *r b* ; tirez la ligne *b* C.

Du point W au point E, décrivez le demi cercle E *ff* O Z.

Du point *v* au point E, son semblable E *f* F Z.

Du point C au point Y, tirez la ligne C Y parallele à B X.

Du point Z au point D, tirez la ligne Z D prolongée en R , & parallele à *c* F.

Du point D au point E, décrivez l'arc *c r* E , tirez la ligne *c* B.

Vous aurez le lozange E D *c* B, faites son semblable E C *b* A ; décrivez les deux cercles P , Q & leurs semblables R , S.

Cette construction ne s'étend guères plus qu'à un arc de 90 degrés , si l'arc d'un angle donné étoit plus grand, on le diviseroit par moitié , & on établiroit la construction sur cette moitié ; ce qui reviendroit au même : car les mesures d'une moitié étant doublées, elles réunissent celles de l'autre moitié ; c'est pourquoi , tout angle obtus peut être suppléé en géométrie par un angle aigu.

DÉMONSTRATION.

I.

L'arc A C , compris entre les deux pa-

D

ralleles A M & C H, est égal à l'arc D B, compris entre les deux parallèles B L & D N, & égal à F ƒ & à X O ; il s'agit de prouver que ces deux arcs A C & D B sont coupés par moitié en B & en C par les lignes C F & B X ; car l'arc total A B C D sera divisé en trois parties égales.

La base X F du triangle F E X est double de celle du triangle B E C, parce que les côtés E X & E F du triangle F E X sont doubles des côtés E C & E B de l'angle C E B opposé au sommet de l'angle E X F ; donc l'arc Z F du triangle E Z F, est égal à l'arc C B.

Donc il est déjà évident que l'arc X K F est égal à l'arc D B, & est égal aussi à l'arc C A, & que l'un & l'autre sont coupés par moitié en B & en C par les lignes B X & C F ; ce qu'il falloit démontrer. Développons cette démonstration, pour la rendre plus sensible à ceux qui sont offusqués par le préjugé.

L'arc X K F est égal à l'arc D C B ; la moitié K F de l'arc X K F est égale à l'arc C B, donc C B est la moitié de D C B : cela peut être rendu très-visible, pour ménager le travail de l'esprit.

L'arc C B est compris entre les deux parallèles B X & C Y ; donc il est égal à X Z, compris de même dans le cercle R.

L'arc DC eſt compris entre les deux parralleles D Z & C F, or ces paralleles D Z, C F, & B X, C Y, ſont à la même diſtance de E, & de Y X, de X Z & de Z F.

Donc l'arc D C B eſt coupé par moitié en C par la ligne C F, parallele à D Z, & par la ligne C Y, parallele à B X ; toutes paralleles à égale diſtance les unes des autres.

On peut encore remarquer que les angles A *b* C, & A E C, B *c* D & B E D ſont tous égaux, & forment les deux lozanges égaux *b* A E C & *c* B E D, qui ſe croiſent par moitié ; donc les portions d'arc A C & B D ſont égales ; or ces portions ſont coupées par moitié en B & en C par les deux diagonales *b* E & *c* E ; donc les trois parties de l'arc A B, B C, & C D ſont égales ; donc l'angle donné A E D & ſon arc A B C D ſont diviſés en trois parties égales par les deux lignes B L & C H. Ce qui ſe trouve prouvé par ſurabondance, & démontré évidemment par la ſeule inſpection des meſures requiſes par la conſtruction.

Ainſi, un arc occupé en entier par deux angles égaux qui ſe croiſent réciproquement par moitié, eſt diviſé en trois parties égales par les diamétrales de ces deux angles.

Dij

SCHOLIE.

Pourquoi dites-vous, que les côtés du quadrilatère E A *b* C font égaux? C'eft que, par la conftruction A *b* eft égal à A E qui eft égal à C E, parce que C E & A E font rayons de l'arc C B A, ainfi C E & A *b* font deux paralleles de même longueur, donc C *b* & A E font auffi deux paralleles de même longueur.

Pourquoi dites-vous, que C E & *b* A font deux paralleles? C'eft que par la conftruction, l'éloignement des lignes M *b* & H *c* eft mefuré par les lignes E I & H M qui font égales.

Toute la démonftration confifte à prouver, que la portion d'arc D B eft coupée par moitié par la ligne C E ou ce qui eft égal par la ligne C *j* qui eft parallele à B E, & qui coupe par moitié l'arc O X qui eft égal & femblable à l'arc D B; donc cet arc D B eft auffi coupé par la moitié par la ligne C Y.

DÉMONSTRATION *générale de la trifection de l'Angle.*

Soit l'angle donné AED divifé par fon arc, par une conftruction quelconque, en trois parties égales A B & B C & C D.

Du point C pour centre, au point B ; & du point B pour centre, au point C, décrivez les deux cercles Q & P ; tirez leur diamétrale R z, qui paſſera en C & B.

Ce diametre commun ſera diviſé en trois parties égales à chacune des trois diviſions de l'arc, ſi la diviſion de cet arc eſt bien faite par la conſtruction ; ce qui ſera prouvé par la diviſion de la ligne D y en trois parties égales aux trois parties de la diamétrale.

Prenez la meſure du diametre commun des deux cercles Q, P ; portez-la de D en y ſur la corde de l'arc D C B A prolongée vers y.

Prenez la meſure d'une des diviſions du diametre R z, portez-la de y en x ; tirez les lignes B x & z y.

La ligne C q ſera parallele à B x & à z y, & la ligne D q ſera égale à une des diviſions du diametre R z, & à chacune des diviſions de l'arc A B C D.

Donc l'angle donné ſera diviſé au tiers par le rayon C E.

DE LA PRÉTENDUE DÉMONSTRATION
de l'impossibilité de la Trisection
de l'Angle (Pl. V).

« On ne peut résoudre, dit-on, (*Elé-*
» *mens de Géométrie du P. Lamy*, pag. 311)
» avec la règle & le compas, les Problê-
» mes solides *.

« Les équations solides ou de trois di-
» mensions, se réduisent dans une progres-
» sion de quatre termes ; mais outre que
» cela ne peut expliquer en peu de paro-
» les, pour connoître ce que l'on cherche
» dans une semblable progression, il faut
» trouver deux moyennes proportionnel-
» les entre deux termes, ce que l'on ne
» peut faire que méchaniquement avec les
» lignes droites & les cercles, ainsi qu'on
» l'a vu liv. 3, § 1. Ce qui peut arriver dans
» les Problêmes qui ne regardent que les
» lignes droites & les cercles, comme
» dans ce Problême si fameux de la trisec-
» tion de l'angle, qu'on ne peut résoudre
» que par l'analyse ; où l'on vient à une
» équation de trois dimensions, ce qui
» montre que ce Problême est solide ».

---

* Cette Proposition est d'Hypocrate de Chio.

« Ces Problêmes solides se résolvent fa-
» cilement par des moyens méchaniques,
» comme celui de la trisection de l'angle
» p E D qu'il faut couper en trois. Je pro-
» longe vers K le diamètre P ι, & sur le
» prolongement de $p\iota$, je cherche le point
» W dans le cercle, tel que E W soit
» égal à W Z, ce que je trouve en tâton-
» nant comme l'on dit. L'arc ι W sera le
» tiers de p D, & ainsi W E ι sera le tiers
» de l'angle p E D, ce que je démontre ».

« E W Z & W E j sont isocèles, donc
» W j E = Z W E. L'angle j W E extérieur
» est égal aux deux intérieurs W Z ι &
» W E ι; donc W j E est égal à ces deux
» mêmes angles, & par conséquent il est
» double de l'un & de l'autre. L'angle DEp
» extérieur est aussi égal aux deux intérieurs
» ι E j & W j E (pris ensemble), partant il
» est triple de W E ι moitié de W E j,
» (car CEp = à E Wι & D E C = W E j).

RÉFUTATION.

Cette même démonstration rapportée à
une construction méchanique, se trouve
ici dans une construction faite avec la règle & le compas, & établie sur d'autres
mesures qui donnent les deux triangles
isocèlles Z W E & W E D & les deux

D iv

proportionnelles W *t* & E *j* que l'on a toujours cherché en vain, parce qu'elles devoient être mesurées par le triangle D Z *p* dont le sommet Z étoit indéterminé, ainsi on cherchoit l'inconnu pour l'inconnu, & l'on s'est apperçu qu'il n'étoit pas possible de réussir dans cette recherche; d'où l'on a conclu que la trisection géométrique de l'angle étoit impossible ; il est évident en effet qu'on ne pouvoit pas y parvenir par l'entremise de deux moyennes proportionnelles qu'on ne peut obtenir que par cette même trisection ; car l'effet ne précède pas sa cause; il y a donc un renversement d'idées dans le raisonnement qui a conduit à conclure, que la trisection de l'angle est impossible par la règle & le compas.

Tous les Géomètres à préjugés ou à protocole, peuvent regarder cette décision comme une démonstration convaincante, mais les Géomètres Philosophes n'y voyent qu'un paralogisme grossier, & pensent qu'on ne peut parvenir à la solution de ce Problême que par d'autres recherches.

On peut avoir déja beaucoup cherché sans trouver, ce défaut de succès n'est pas une démonstration de l'impossibilité de trouver ; les mesures & les rapports géométriques font infinis & inépuifables ; d'où il faut conclure au contraire que l'on n'a pas pu démontrer l'impoffibilité de la trifection de l'angle : ainfi les idées communes de problêmes folides , de problêmes plans , d'équations de trois dimenfions , de réductions d'une progreffion à quatre termes , de deux moyennes proportionnelles , de l'infuffifance actuelle des élémens de la Géométrie démonftrative , ne peuvent rien prouver contre la poffibilité des progrès de cette fcience , où l'on procède , dans les conftructions, par règle & le compas , & où il faut démontrer rigoureufement la certitude des opérations fans règle ni compas.

CONSTRUCTION

Qui donne d'abord les deux moyennes proportionnelles FP & NE, *de la trifection de l'angle.* (Pl. VI).

Soit l'angle A E D , propofé pour être divifé en trois parties égales , par fon arc ABCD.

Tirez fa diamétrale EL , prolongée en I.

Du point E , pour centre au point A , décrivez le cercle S , & tirez fon diamètre O N.

Du point P , à la circonférence du cercle S , au point E , décrivez le cercle T , & tirez son diamètre Q R.

Du point D au point I , tirez la ligne D I.

Tirez la ligne L S = D I , elle coupera le demi-diamètre E O en v.

Prenez la mesure E v , portez-la de v en N sur le rayon E O.

Prenez la mesure E I , portez-la de N en K , tirez la ligne N K , elle sera égale à X I qui est égale à E I ; vous aurez le triangle N K E & les deux proportionnelles N E & F P , qu'il falloit trouver.

Du point F au point C , tirez la ligne C r , parallele à la diamétrale L I.

Prenez la mesure F P , portez-la de P en G ; du point G au point E décrivez le demi-cercle V.

Du point A au point K , tirez la ligne A K , & du point E au point G , tirez la ligne E G ; prolongez la de G en d & de E en C , elle sera parallele à D K.

Prenez la mesure C L , portez-la de L en B & de P en G ; tirez la ligne ponctuée B t , parallele à C r.

De E en F tirez la ligne B h.

Du point I au point P , décrivez l'arc o P o , qui sera égal à l'arc F P G , & leurs cordes égales à $m\,m$, étant tous compris entre les deux paralleles B t & C r.

DÉMONSTRATION.

La ligne D E est un rayon du cercle S,
Les trois lignes G M, E G & G K font
des rayons du cercle V, qui a son centre en
G, & qui est égal au cercle S.

Or les rayons de cercles égaux font
égaux : donc les lignes D E, E G, G M &
G K font égales : donc le triangle E G K est
un triangle isoscele égal au triangle isoscele G E B qui est égal à son externe B E C,
& égal aussi à G E F qui est opposé à E B C,
& égal encore à F G K, qui a sa base F G
commune avec l'angle F E G : donc les
lignes C *r* & B *t* font paralleles.

La ligne D K & la ligne C *d* qui renferment le lozange E F K G, font paralleles
à même distance que les paralleles C *r* &
B *t* qui renferment aussi le même lozange,
qui leur est commun par sa diagonale F G
égale à N E, à V *v* & à E M : donc l'arc
F P G est égal à l'arc D C & égal aussi à
l'arc C B mesurés les uns & les autres sur
des cercles égaux par des triangles égaux
entre des paralleles semblables.

Donc l'arc D C est égal à l'arc C B, & aussi à l'arc B A qui sont compris tous les trois entre semblables paralleles.

Voyez ci-devant, page 54, la démonstration du P. Lamy, qui est celle d'Hyppocrate de Chio en supposition.

SCHOLIE.

Pourquoi établissez-vous votre opération par les lignes D I & L S?

C'est qu'elles donnent les deux proportionnelles N, E qui mesurent D C & F P qui mesurent L C moitié de C D; car *u m* prolongée en C est parallele à L P, & ces deux paralleles renferment F P & C L qui est moitié de C D.

Et parce qu'elles donnent aussi les deux mêmes proportionnelles E N & F P mesurées par des rayons de cercle D E, F E & F K entre les extrêmes D N & N F & F K, qui est égale à K G, à G E, à G M & à G *d*.

Ainsi les trois rayons C E, E G, G *d* forment la ligne C d qui passe par les centres des cercles S & V, & qui est parallele à la ligne N K prolongée en D, parce que N E & F G qui les réunissent, sont paralleles & égales l'une à l'autre : donc D C est égal à K d, & F P égal à L C moitié de C D.

Donc L C est le tiers de l'arc D L, qui est la moitié de l'arc total D C B A qui mesure l'angle donné D E A : donc cet angle donné est divisé en trois parties égales par les deux rayons C E & B E.

On voit aussi que la portion d'arc D B est égale à la portion d'arc C A, & que ces deux portions D B & C A étant divisées chacune par moitié en C & en B, l'arc total D C B A est divisé en trois parties, & que ces trois parties sont égales, parce que chaque moitié est égale à son autre moitié, qui est aussi une partie du même arc.

L'évidence de cette démonstration n'exige que le simple bon sens pour être saisie clairement, car tout le monde sçait que deux moitiés sont égales l'une à l'autre.

On voit encore que E M est égale à A q qui est égale à q C, à C B & à B A ; ce qui constitue le lozange A q C B, dont la diagonale q B coupe par moitié en B la portion d'arc C A : or C E est la diagonale prolongée en E d'un pareil lozange, laquelle coupe aussi par moitié en C la portion d'arc D B, qui est égale à C A.

Donc l'arc total D C B A est divisé en trois parties égales par les lignes C E & E B.

Mais l'abrégé de toutes les démonstrations de la trisection de l'angle, est de reconnoître si les trois parties divisées sont des moitiés de deux portions de l'arc total, qui se croisent par moitié ; car l'égalité des divisions par moitié est si manifeste & si incontestable, qu'elle n'a pas besoin d'être certifiée par la décision des Maîtres en Géométrie, où l'on se pique si facilement au jeu, que souvent on ne cherche qu'à embrouiller les idées par la métaphysique des indéterminables. On en a vu un bel échantillon dans notre Préliminaire. Dans la Géométrie démonstrative tout le monde clair-voyant peut être

Juge des démonstrations connues dès l'enfance sans d'autres Maîtres que l'évidence de premier aspect. Cette démonstration simple & vulgaire, à laquelle nous nous attachons ici, est exposée fort sensiblement dans la construction suivante, qui ne présente que des divisions par moitié qui donnent des tiers.

TRISECTION DE L'ANGLE.

Par le rapport de la moitié d'un Arc avec le tiers du même Arc. (Pl. VII).

ON peut couper tout arc quelconque par moitié, par quart, huitiéme, &c.

Or, le rapport de la division de la moitié au tiers, est comme 3 à 2 ; du tiers au quart comme 3 à 4, &c. Cela est manifeste par le calcul ; mais des nombres ne sont pas des mesures ; il faut démontrer en Géométrie par des mesures ; or, c'est par le rapport des mesures géométriques, de la moitié au tiers, que vous parviendrez au développement du mystère de la trisection de l'angle.

CONSTRUCTION. (Pl. VII).

Soit A B C D l'arc qui mesure l'angle donné A E D ; prenez la mesure E T, portez-la de T en N.

De E en N décrivez l'arc K N Q.

Divisez par moitié en L, la moitié K N de cet arc K N Q.

Tirez la ligne LE & la ligne LT ; divisez par moitié en *f* la portion d'arc LN ; tirez la ligne *fg*, elle coupera par moitié en G la ligne LT, ou divisez cette ligne LT par moitié en G par la ligne *a b*.

Du point E au point de section G, décrivez l'arc FRI ; cet arc sera une moyenne proportionnelle entre l'arc KNQ, & l'arc donné ABCD.

Divisez par moitié en H la portion d'arc GI par la ligne OE.

Divisez par moitié en G la portion d'arc FH par la ligne ME.

Divisez par moitié en S la portion d'arc HI par la ligne PD.

Divisez par moitié en X la portion d'arc FG par la ligne LA, l'arc FRI sera divisé en six parties égales.

DÉMONSTRATION.

Les divisions de l'arc FRI par les lignes TP, PD, & par les lignes LT, LA & NE, font des divisions par moitiés & des fous-divisions de moitiés par moitiés, qui partagent l'arc FRI en six parties égales ; ainsi ce même arc est partagé en trois parties égales par les lignes GE & HE ; par conséquent ces mêmes lignes GE & HE prolongées en O & en M, partagent aussi en trois parties égales K N Q & A T D qui font concentriques à l'arc F R I. Donc l'arc donné A T D eft divifé en trois parties égales par les lignes M E & O E. La démonftration fera complette, s'il eft démontré que l'arc H F eft égal à l'arc G I. Or il eft prouvé par les fix divifions, qu'ils fe tendent réciproquement à la moitié l'un de l'autre ; donc ils font égaux.

On voit donc par tout ce détail que les différentes démonftrations des conftructions précédentes de la trifection de l'angle, fe réuniffent toutes aux mêmes points démonftratifs.

CONCLUSION.

La rigueur des preuves à laquelle la Géométrie eft affujettie, doit nous faire fentir que l'étude de la Géométrie démonftrative, *réduite à l'exactitude d'un point perceptible*, eft l'étude même de *l'évidence ftricte*, & que cette étude eft effentielle pour débrouiller & réalifer.les idées, pour former le jugement, & pour conduire l'efprit à la certitude décifive de tout ce qui peut être connu : ainfi, la Géométrie démonftrative doit être une fcience de première éducation, où l'on ne doit confier les Elèves qu'à des Maîtres qui s'attachent à enseigner lumineusement cette science dans toute sa pureté & dans toute son étendue, & à interdire tout accès à l'art ténébreux & séduisant de faire triompher le doute & l'ignorance par des subtilités insidieuses, qui inspirent tant de suffisance aux esprits superficiels & avantageux, qu'ils perdent, en se livrant aux disputes rafinées & aux excursions sur les êtres imperceptibles, qu'ils perdent, dis-je, l'aptitude naturelle de saisir l'évidence dans la recherche de la vérité. On s'abandonne aux abstractions métaphysiques de la Géométrie des imperceptibles, & aux liaisons logiques des idées factices, & ce sont ces liaisons même que l'on prend pour *l'évidence* ; sans s'appercevoir que c'est primitivement dans les idées, même bien avérées, & non dans la simple liaison des idées que consiste le *criterium veritatis*, ou le caractère décisif de la certitude, par lequel on évite les fausses notions qui ne conduisent qu'aux préjugés, aux contestations, aux distinctions idéales & à l'apostasie de l'évidence même des réalités, qui est le dernier excès de l'égarement de l'intelligence humaine, & l'anéantissement de la Géométrie & des Géomètres ; car on ne voit plus pourquoi les démonstrations démontrent, & il n'est plus possible

alors

alors de prouver qu'elles démontrent ; il faudroit prouver ce qui peut-être n'exiſte pas dans la nature ; il faudroit prouver, dit-on, qu'un cercle, qu'un quarré, &c, ſont parfaits ; mais ne doit-on pas reconnoître qu'indépendamment de cette perfection idéale, qui nous eſt ſeulement indiquée par nos ſenſations, il faut être aſſuré qu'il exiſte des cercles, des quarrés, &c, auſſi parfaits qu'il nous eſt poſſible de les connoître avec évidence, & que cette connoiſſance qui nous ſuffit, eſt celle à laquelle nous devons nous fixer : elle s'étend ſi loin dans les ſciences, que nous ne l'epuiſerons jamais ; il ne faut donc pas ſe déplacer, & quitter la lumière pour ſe plonger dans les ténèbres.

La ſcience de démontrer, qui eſt la même que celle de raiſonner, & de juger ſûrement, élève l'eſprit à la plus ſublime fonction de l'intelligence humaine ; les Géomètres qui négligent cette partie eſſentielle de la Géométrie, & qui la regardent comme une dépendance de la pratique des Artiſtes, n'ont apperçu ni la ſupériorité ni l'importance de cette étude, mais il faut des meſureurs : point de meſureurs ; point de Géomètres Arpenteurs : j'entends des meſureurs qu'il ne faut pas confondre avec les Arpenteurs & les Ar-

E

tiftes, dont le métier n'eft pas affujetti à la précifion de la Géométrie démonftrative rigoureufe. On croit, dans l'éducation, af-furer la marche du jugement par la logi-que, qui, à la vérité, nous affure de l'é-vidence de la liaifon & des rapports décififs de quelques idées qui fe préfentent à l'ef-prit ; mais elle ne nous apprend pas à chercher & à réunir toutes celles qui font néceffaires pour établir un jugement af-furé : l'efprit peu inftruit conclut auffi dé-cifivement par la liaifon & le rapport de deux idées où il en faudroit quatre, que s'il les avoit effectivement réunies toutes quatre; & en raifonnant bien, il décide fort mal ; auffi n'y a-t'il rien de fi commun que les faux jugemens fuggérés par la logique. Il n'en eft pas de même des opérations de l'ef-prit dans la Géométrie démonftrative ; la folution des problêmes eft fi rigoureufe qu'aucune des conditions requifes pour dé-cider fûrement ne peut lui échapper, fans qu'il ne foit convaincu manifeftement de fon erreur ; la marche du raifonnement y eft deffinée, & dépofe fenfiblement contre lui, lorfqu'il fe trompe ; & il peut acquérir une habitude fi conftante & fi régulière dans la recherche de la vérité, qu'il fera toujours en garde dans la fuite contre les dé-cifions précipitées d'une Logique fédui-fante.

REMARQUES GÉOMÉTRIQUES
ET PHYSIQUES.

ON demandera peut-être pourquoi tant de démonſtrations ; une ſeule bien évidente ne ſuffit-elle pas pour aſſurer la ſolution d'un problême ? Oui, dans l'ordre de la Géométrie démonſtrative ; mais la Géométrie métaphyſique préſente tant de halliers où l'on peut former des embuſcades, qu'il eſt néceſſaire de ſe tenir en garde de tous côtés par des retranchemens inattaquables. C'eſt l'imperfection & l'obſcurité inſidieuſe de la ſcience qui entraînent dans ce labyrinthe où s'égarent ceux qui ſe livrent ou qui s'attachent à deſſein aux incertitudes des abſtractions métaphyſiques, pour exercer leurs ſubtilités ſophiſtiques contre les ſolutions des problêmes contentieux ; c'eſt pourquoi une ſimple démonſtration d'un problême ne ſuffit pas alors pour en aſſurer la déciſion ; il en faut d'autres pour diſſiper déciſivement les incertitudes illuſoires de la Géométrie des imperceptibles.

Une complication ſi étrange & ſi déplacée, une complication, dis-je, de meſures qui ſe démontrent évidemment

& d'autres mesures qui excluent absolument toute évidence , ne peut difparoître qu'en suivant le plan simple &
lumineux des Élémens de Géométrie que
nous a tracé le célèbre *M. Clairaut*, & qui
est sans doute aussi celui de tous les grands
Maîtres , lesquels remontent aux premières idées essentielles qui débrouillent
les sciences , & nous retiennent dans les
limites du *cognoscibile*. Le sçavant Géomètre , que nous venons de citer , démontre
d'abord les problêmes au lieu de démontrer les théorêmes , pour démontrer les
problêmes par des renvois multipliés qui
déconcertent l'attention des Étudians ,
& qui découpent l'enchaînement de la
science, & la réduisent à un ordre factice,
qui n'y laisse aucune liaison lumineuse.
Ainsi , on peut espérer qu'il ne restera
dans la fausse route que ceux qui n'en
connoissent pas d'autre que l'étude de
cette multitude inutile de théorêmes qui
surchargent la mémoire sans éclairer
l'esprit.

On apprend aux Étudians en Géométrie à connoître les démonstrations des
problêmes par les théorêmes, comme on
apprend aux enfans à connoître les pièces
de monnoie : on leur montre une pièce
de douze sols , & on leur dit qu'il est dé-

cidé qu'elle vaut douze fols, fans leur apprendre pourquoi elle a cette valeur. La valeur d'une autre pièce du même poids & de même qualité d'argent, qui ne fera pas ronde, leur fera inconnue : une nouvelle forme de démonftrations dépayfe de même un Géomètre qui ne peut la vérifier par les théorêmes. Voyez fur ce fujet les fçavantes & profondes réflexions de M. d'Alembert : *Mélange de Littérature, feconde Edition 1759, tome IV, page 165.*

Ce n'eft pas par une telle marche qu'on peut parvenir à approfondir une fcience, & à diffiper les doutes par le fçavoir & le difcernement de l'évidence des vérités pofitives d'avec l'illufion féduifante des abftractions idéales. Ainfi la Géométrie démonftrative attend encore des élémens complets, en bon ordre & mis à la portée des jeunes Etudians ; cette dernière condition eft la plus difficile à remplir ; chaque démonftration doit être, autant qu'il eft poffible, fimple, claire, tranchante, fondée fur les premières notions de la Géométrie naturelle * ; celui qui y

---

* Il faudroit commencer par donner de fuite la conftruction des figures géométriques fimples & régulières, rapportées à la ligne droite & au cercle, parce que ces figures fimples peuvent fournir toutes les mefures néceffaires.

réuſſira le mieux, ſera l'Auteur le plus excellent, & véritablement Auteur, car il ſera inventeur dans la ſcience des démonſtrations ; mais comme dit *M. d'A-lembert, Deſcartes, Newton, Leibnitz, ne ſeroient pas de trop* ; & encore ici faut-il ſe faire enfant pour les enfans.

L'eſprit ne fait pas les vérités ; il les découvre ; & ce ſont ces découvertes, bien aſſurées par l'évidence, qui forment les connoiſſances : les règles ſont des formules artificielles qui marquent la marche que l'on s'eſt frayée ; mais elles ne ſont pas elles-mêmes l'objet de nos recherches ;

---

pour démontrer les divers problêmes aſſujettis aux cas particuliers. Les meſures géométriques primitives, ou les premieres notions naturelles & évidentes, les plus ſimples ſe préſentent, au premier aſpect, dans les conſtructions des figures ſimples ; elles n'ont pas beſoin d'être démontrées, mais ſeulement expliquées, & elles entrent enſuite explicitement ou tacitement dans les démonſtrations des Problêmes qui ſe prouvent par déduction ou liaiſon d'idées. Quand elles y entreront tacitement, & qu'on croira qu'elles ne ſont pas encore aſſez familières aux Commençans pour bien entendre chaque démonſtration, il faut ajouter à la démonſtration une ſcholie à part, qui explique ce qu'on ſoupçonne qui ne ſera pas ſaiſi par l'Ecolier. Ces ſcholies évitent les répétitions & les renvois dans les démonſtrations. On lit les ſcholies ſi on en a beſoin ; par ce moyen l'intelligence des démonſtrations ſera toujours aſſurée pour les Commençans, ſans trop étendre les démonſtrations, & ſans fatiguer les Elèves. Il faut leur faire ſaiſir bien clairement les notions naturelles de la Géométrie, parce qu'elles ne ſe prouvent pas par des dé-

ainſi elles ne doivent pas captiver l'eſprit dans l'étude des ſciences, car on reſteroit toujours Ecolier, & jamais on ne parviendroit aux découvertes qui n'ont pas de liaiſon directe avec les règles factices, où l'on croit voir l'impoſſibilité d'étendre plus loin les progrès d'une Science, particulierement en Géométrie, à l'égard des meſures & des diviſions préciſes de toutes les parties du cercle, qui forme avec la ligne droite les premiers linéamens de la Géométrie, où les meſures doivent être réduites à l'exactitude d'un point perceptible, lequel renferme toujours le point

---

monſtrations compoſées & en forme pour conduire à l'évidence ; car il n'y a rien de plus évident que l'évidence primitive qui ſe préſente immédiatement par elle-même, & ſur laquelle s'établit toute évidence de déduction dans les démonſtrations géométriques compoſées, & dans les argumentations logiques. Par exemple, on apperçoit naturellement qu'un diamètre eſt plus grand qu'un demi-diamètre, parce qu'il eſt viſible que le diamètre eſt plus grand que ſa moitié : il n'eſt pas poſſible de prouver cette évidence par une autre évidence plus évidente : c'eſt donc par cette première évidence que nous ſommes aſſurés de la certitude des démonſtrations géométriques ; car ce ne ſont pas les démonſtrations qui forment l'évidence, c'eſt au contraire l'évidence qui les décide. Ceux qui exigent que l'on démontre tout en Géométrie, n'ont pas l'idée de la certitude de la vérité. Mais, dira-t-on, tous les hommes ne ſaiſiſſent pas l'évidence ? Ce ne ſont pas les aveugles qui jugent des couleurs. On n'en a pas moins de confiance aux déciſions des clairvoyans, & ceux-ci ſont bien aſſurés de ce qu'ils voyent bien clairement.

E iv

idéal & hypothétique, que l'on appelle le point mathématique.

Mais en vain voudroit-on fouiller dans le point perceptible pour y chercher la place d'un point imperceptible, qui suppose un soupçon, un rien d'exactitude de plus que le point perceptible, un rien, dis je, qui ne peut pas être connu, & qu'on ne peut reclamer sérieusement dans les mesures où commence l'évidence, & qui, excepté cette futilité ténébreuse, sont connues avec une certitude incontestable, car la vérité y est dessinée par les constructions qui l'empêchent de disparoître & d'échapper aux sens, auxquels elle ne se montre que dans sa pureté, c'est-à-dire, toujours dégagée de cet alliage mal entendu de l'imperceptible & du connu, alliage où on ne reconnoît plus ni exactitude ni certitude décisives. *Cette philosophie obscure & contentieuse, qu'on cherche à introduire dans le siége de l'évidence, est le fruit de la vanité des auteurs & des lecteurs.* M. d'Alembert, *ibid.* pag. 178.

Il faut donc, pour chasser de la Géométrie démonstrative tous les doutes qui lui sont étrangers, sçavoir où commence l'évidence qui n'admet que des mesures assurées, & qui ne se prête point au badinage insidieux des abstractions métaphysiques.

On peut d'ailleurs laisser aux grands
calculateurs les suppositions qu'on réunit
à ces abstractions, & qui sont inapplica-
bles à la Géométrie démonstrative, des
grandeurs réellement mesurables, pour
occuper pompeusement leurs talens à des
suppositions transcendantes qu'on exerce
sur d'autres genres de quantités, par le
calcul infinitésimal & par des approxima-
tions idéales & appréciables, où les calculs, poussés à perte de vue, indiquent
des progressions qui semblent s'étendre jusqu'à l'infini & jusqu'aux infinités d'infinis ;
ce qui fournit une carrière immense aux
spéculations mathémathiques, & aux recherches des quantités appréciables, qui,
rigoureusement parlant, ne sont pas mesurables, telles sont les quantités qui se rapportent aux qualités des corps, aux mouvemens compliqués, aux frottemens, aux
communications des mouvemens, & aux
résistances réciproques des corps en mouvement, &c, qu'on évalue, autant qu'il
se peut, par des calculs abstraits qu'on tâche d'ajuster par comparaison à des mesures
positives, & qui ne peuvent être assujetties
à aucune exactitude assurée & rigoureuse ;
car ces sortes de quantités ne sont pas du
genre de celles des grandeurs mesurables,
elles se prêtent trop aux calculs arbitraires,

quelquefois trop hafardés , dont l'emploi
ne peut être d'aucune fûreté dans la Géométrie démonſtrative ; car lorſqu'un calcul
ſe perd dans les imperceptibles , ce n'eſt
plus qu'un calcul abſtrait qui ne peut pas
fournir aux Géomêtres aucun rapport dé-
ciſif ſur les meſures des grandeurs.

Cependant on n'a pas encore banni de la
Géométrie démonſtrative ces calculs abſtraits , qui ne peuvent y porter que des
conjectures numériques purement idéales,
qui ont bien occupé juſqu'à préſent les
chercheurs de la quadrature du cercle, ſans
qu'ils ſe ſoient apperçus que les nombres
trop grands, ou les nombres trop petits
qu'ils croient trouver par leurs calculs des
imperceptibles , ſont des indéterminables
qui diſparoiſſent dans les démonſtrations
géométriques ; car , ſi le point géométrique eſt placé exactement où il doit être, le
centre de ce point eſt le lieu juſte où il n'y
a pas de plus ni de moins ; & ce lieu intellectuel eſt toujours ſous-entendu dans les
démonſtrations géométriques , de maniere
que, s'il y a erreur dans ce point, elle eſt
toujours ſoupçonnée proche du centre ; ce
qui la réduit à rien , ou comme à rien dans
les conſtructions qui , à cela près , ſont
exactes , & par conſéquent plus déciſives
que les réſultats d'un calcul abſtrait où les

erreurs font bien plus grandes ; car l'unité numéraire peut n'y être pas la même à beaucoup près (la même, ce feroit un beau hafard) que celle du point mathématique indéterminable, qui élude toute démonf-tration, parce qu'il eft toujours inconnu.

Il n'y a donc pas d'équation affurée de l'infini au fini ; car dans ces fortes d'équa-tions les erreurs font toujours proportion-nelles à la grandeur des mefures ; ainfi elles s'accroiffent dans la progreffion du petit au grand : au contraire, les petites erreurs dans les démonftrations géométriques ré-gulieres, diminuent dans la progreffion du petit au grand, parce qu'un point géomé-trique fait avec le même inftrument, n'eft pas plus grand dans une grande mefure que dans une petite, & que, par propor-tion, l'erreur eft plus petite dans une grande ; au lieu que, dans une erreur pro-portionnelle à un degré, par exemple, il n'en eft pas de même ; car le degré d'un grand cercle eft plus grand que celui d'un petit.

Il eft à remarquer auffi qu'on eft encore fixé, dans la Géométrie phyfique, aux loix méchaniques ou aux loix apparentes du mouvement de tranflation en lignes droites & en lignes courbes ; ce qui, à la vérité, peut fuffire en aftronomie, où l'on

n'obferve que la marche des corps céleftes, & où l'on peut prendre pour pro-
totype quelque phénomène général,
comme la gravitation, ou même une
fiction telle que l'attraction qui peut
s'ajufter facilement aux obfervations &
aux calculs. L'attraction, la pefanteur
fpécifique, & le calcul fublime, ont un
emploi fort étendu dans les hypothèfes
phyfiques ; mais la gravité abfolue ou
primitive & les autres mouvemens préor-
donnés & permanens fe confondent tellement avec les mouvemens variées par des
caufes fimplement déterminantes ; que l'on
confond auffi ces mêmes caufes avec la
premiere & la feule caufe phyfique de tous
les mouvemens de la nature, & on croit
que le mouvement eft anéanti, lorfque ces
caufes déterminantes ceffent de le rendre
fenfible par la tranflation des corps vifibles. Mais revenons à la pefanteur fpécifique obfervée dans notre atmofphere.

A quoi fert, pour le mouvement des
planettes le calcul de la chûte des corps
qui traverfent l'atmofphère terreftre, fi
cet atmofphère ne s'étend pas jufqu'aux
efpaces immenfes des régions céleftes, &
fi la gravité primitive y eft affujettie à d'autres caufes déterminantes qui influent dans
les diverfes combinaifons des mouvemens

respectifs des corps célestes ? On ne veut pas rabaisser les secours que l'on tire du calcul transcendant : mais toujours est-il à remarquer qu'il demande beaucoup de circonspection dans son application, & dans les conséquences que l'on en tire, pour faire valoir une uniformité générale, qui n'existe pas dans la nature; il faudroit y distinguer les effets des causes motrices physiques primitives d'avec les effets des causes déterminantes qui varient à l'infini, & qu'on ne peut appercevoir que par des observations particulières qui ont entre elles si peu de liaison, qu'elles ne peuvent presque pas procurer de connoissances générales qu'on puisse réunir par le calcul & par des mesures empruntées les unes des autres.

Les mesures de la pesanteur spécifique, ni celles de la prétendue attraction, n'ont rien de commun avec celles de la pesanteur absolue, ni avec celle des radiations électriques, des explosions spontanées, &c.

Plus on veut assimiler & simplifier en physique, plus on s'égare; les causes générales déterminantes y sont peu connues, & les causes particulières fort composées : les plus sçavans dans cette science sont ceux qui ont le plus de connoissances de détail.

Le Physicien procède par inventaire & évalue tout pièce à pièce : le Calculateur voit plus en grand ; il fait des masses, & par des modifications de calcul, il se forme des données, & ramène le tout par compensation à des prix communs. Dans ces cas, le calcul abstrait est un art fort ingénieux qui, quoiqu'il ne soit pas toujours en bonnes mains, supplée à bien des connoissances de détail, & inspire beaucoup de confiance, sur-tout lorsqu'il porte les apparences de l'exactitude jusqu'à l'infini, & sa marche transcendante seduit même les plus experts, lorsqu'ils veulent calculer ce qu'on ne connoît pas. Newton, qui calculoit tout, a calculé la chaleur que le soleil communiqua à la Comette de 1680, sans sçavoir qu'elle est la chaleur du soleil, ni comment ce globe cause de la chaleur au-dessus de notre atmosphère, car plus les nues s'élèvent, plus elles sont saisies par le froid. Cependant il jugea par l'approximation de cette Comette, que le soleil devoit lui avoir communiqué une chaleur deux mille fois plus ardente que celle d'un fer rouge : mais de tels calculs nesont pas de la physique réelle ; il en est de même de cette masse prodigieuse d'analogies controuvées ou de comparaisons fictices entassées dans la Philosophie naturelle de cet Auteur ; ce qui ne féduit que ceux qui ne diftinguent pas les notions mathématiques idéales d'avec les notions phyfiques mécaniques : voilà l'illufion radicale & fubreptice de tout le fyftême. De grands Calculateurs fe contentent de prétendus effets mefurés & calculés avec beaucoup d'art, fans appercevoir de caufes réelles ; mais les Phyficiens ne voient dans cet admirable travail qu'une peinture fublime d'un Palais enchanté.

La Géométrie, il eft vrai, peut calculer & mefurer ce qui eft arrangé phyfiquement ; mais fes mefures & fes calculs ne conduifent point aux connoiffances des caufes phyfiques de cet arrangement : or ce font ces connoiffances qui forment la fcience de la Phyfique : donc ce n'eft pas par les mefures ni par les calculs qu'il faut chercher à étendre cette fcience, & à en prouver la réalité.

Les caufes motrices s'étendent beaucoup plus loin que celles qu'on attribue au mouvement de tranflation ; elles produifent en outre un autre genre de mouvement, un mouvement de preffion, qui ne laiffe aucun corps dans l'inertie, & qui agit toujours puiffamment fur les corps qui fe déplacent, & fur ceux qui paroiffent en repos : les corps nâgent dans un fluide, qui les en-

traîne par des courans diverfement déter-
minés, & qui eft le réfervoir, la voiture
& le voiturier de tout mouvement de
tranflation des corps vifibles, & lé lien
général de tout le fyftême réel de l'univers,
fans ceffer d'être préfent & en action par-
tout par un effort perpétuel, qui paroît &
difparoît fans être jamais anéanti; la réalité
de cet effort nous eft indiquée par une multitude de faits auxquels on n'eft pas affez
attentif; car ces faits prouvent néceffairement une fubftance impénétrable, mobile,
infiniment fluide, qui forme un enfemble
ou un plein, qui eft l'organe phyfique uni-
verfel d'une action puiffante, continuelle
& générale, par laquelle une caufe mo-
trice, intelligente, univerfelle, opère ré-
gulièrement tous les effets qui conftituent
le méchanifme de l'univers; & ces effets
s'opèrent avec une correfpondance, une
liaifon perpétuelle fi générale, fi étendue
& fi multipliée, qu'il ne nous eft pas poffible d'en comprendre la marche ni les rapports, & les combinaifons qui affurent la
durée, l'accord & les variétés conftantes
de cet enfemble immenfe.

La matiète ne fe préfente à nous que
fous des formes qui la dérobent entièrement à nos fens & à notre intelligence,
& qui nous jettent dans des erreurs grof-
fieres

fières fur la nature de cette fubftance.
Nous ne pouvons abandonner l'idée do-
minante de la folidité ou de la dureté qui
en eft une forme , & nous l'attribuons
toujours primitivement aux parties inti-
mes de cette fubftance : lors même que
nous la concevons comme dépouillée de
toutes fes formes , nous nous repréfentons toujours ces parties dans un état de
réunion, comme fi l'effence & l'exiftence
de la matière première confiftoient dans la
forme de corps durs, figurés, réfiftans,
laiffant entre eux des vuides, & fe commu-
niquant réciproquement des frottemens &
des obftacles à leur mouvement; ainfi au
lieu de reconnoître une fubftance mobile,
impénétrable, fans union, & toujours en
action, nous ne nous repréfentons que
des petits corps durs, qui fe réfiftent mu-
tuellement, & dont la diverfité des figures
s'oppofe à leur contact parfait. C'eft toujours ici l'imagination qui préfide dans nos
conceptions & dans nos raifonnemens, &
c'eft elle qui conftruit, felon fes fictions,
le fyftême de la nature ; alors on porte le
calcul des réfiftances & des frottemens
jufques dans le mouvement d'une fubftance infiniment fluide & mobile ; & on
croit qu'il faut rejetter la poffibilité d'un
enfemble plein & coulant , & la poffi-

F

bilité d'un mouvement non interrompu, impérissable, & une correspondance générale d'activité ou d'effort dont nous ne pouvons pas saisir l'ordre physique, parce que nous ne pouvons la concevoir que comme un assemblage de contre-marches discordantes & inexplicables. Mais nous voulons expliquer en posant nous-mêmes les conditions, car nous croyons même que la science du Physicien, consiste dans les explications générales des causes, & non dans la connoissance des objets physiques & des phénomènes particuliers. Ceux qui veulent briller par la vaste étendue de leur imagination, dédaignent ces connoissances bornées, & de petit détail; ce sont cependant ces connoissances mêmes qui restent, & qui sont dignes des travaux des Corps Académiques, où l'on ne calcule que des découvertes & non des hypothèses, qui ne sont jamais que de vaines tentatives qui dégradent les sciences.

On donne pour axiome en méchanique, *qu'un effet ne peut surpasser sa cause.* De quelles causes entend-on parler? S'agit-il de causes déterminantes, ou de causes motrices physiques ? C'est ce qu'on ne démêle point : cependant les effets que nous appercevons sont produits par des communications de mouvemens actuels

de tranſlation, ou de mouvemens de preſ-
ſion, ou par des cauſes déterminantes qui
ſont peu connues ; mais nous connoiſſons
encore moins les loix préordonnées des
cauſes motrices primitives, qui peuvent
produire par des déterminations dont elles
ſont ſuſceptibles, & par le fond de leur
activité, dont les bornes nous ſont incon-
nues, des effets fort différens de ceux que
nous appercevons dans la marche ordinaire
du méchaniſme, à laquelle on ſe fixe dans
les calculs, que l'eſprit arrange & étend
comme il lui plaît, ſelon ſes hypothèſes.
En un mot, on a entièrement perdu de
vue les deux grandes puiſſances actives, le
froid & le chaud, ſans la connoiſſance
deſquelles on ne peut avoir aucune idée
aſſurée des cauſes phyſiques générales, &
encore moins des effets qui ſurpaſſent pro-
digieuſement leurs cauſes ſenſibles. Il faut
ſe rappeller la doctrine des anciens ſur
l'Ether, & ſuivre leurs obſervations ſur
cet agent univerſel. Les effets que produit
cette premiere cauſe phyſique ſont ſi gé-
néraux & ſi dominans, qn'ils doivent tenir
le premier rang dans les ſciences phyſiques ; il faut les étudier ſoigneuſement,
dans les opérations mêmes de la nature,
ſi nous voulons étendre nos connoiſſances
ſur les propriétés d'une cauſe puiſſante ſi

F ij

féconde & si générale, pour appercevoir au moins le principe actif matériel du méchanisme de l'Univers *.

Les grandes tentatives par le calcul abstrait, exigent beaucoup d'intelligence & de capacité. On sçait d'ailleurs que le calcul infinitésimal est recommandable pour les mesures, la rectification, la quadrature de certaines courbes méchaniques, par les rapports des abcisses & de leurs ordonnées. On a même fait de grands efforts pour l'étendre jusqu'à la Géométrie de la ligne circulaire; mais ces tentatives ont eu peu de succès, & les rapports des abcisses & de leurs ordonnées ne piquent pas beaucoup la curiosité des Sçavans; la Chymie, l'Histoire naturelle, &c. ont pour eux plus d'attraits : d'ailleurs les autres parties de la Physique reviennent prendre leur place dans le vuide de l'attraction, & y faire reparoître le méchanisme matériel; le calcul infinitésimal, après avoir étonné & ébloui la raison humaine, est allé chercher de l'emploi dans les ellipses célestes, où l'algèbre réuni à l'analyse lui avoient tracé la route.

---

* Voyez le premier volume de l'Economie animale, & particulièrement le Traité du Feu, chap. 3. seconde Edition, 1747.

On peut dire cependant que les usages
de cet ensemble de calculs sublimes, qu'on
appelle transcendans, ont peu surpassé ceux
de l'arithmétique ordinaire dans la Géométrie rigoureuse, parce que cette science
ne peut faire de progrès que par elle-même; & ses progrès peuvent même contri-
buer beaucoup à ceux de la science des
courbes méchaniques.

Et toujours c'est la Géométrie qui fixe
par elle-même l'usage du calcul, soit qu'on
y employe l'arithmétique ou toute autre
méthode plus recherchée & plus spécieuse;
& le Calculateur doit toujours y être assu-
jetti aux limites qu'elle lui prescrit, & ces
limites doivent être trouvées & connues
avec certitude & exactitude avant que de
calculer; ce qui doit être rigoureusement
observé, sur-tout dans les recherches de
la quadrature du cercle, & dans toutes les
autres recherches géométriques; car la
marche du calcul, qui veut lui-même se
frayer une route, est toujours hasardeuse
& insuffisante.

On apperçoit d'ailleurs que le mérite
de ces calculs si étendus, si composés, si
arbitraires, suppose du moins plus de procédés & de génie que d'évidence dans leur
application aux objets réels. On ne peut pas
nier que le calcul ne soit vrai en lui-même,

comme toutes les autres vérités métaphysiques détachées des vérités pofitives ; car
c'eft le calcul qui forme les fommes , qui
garantit fes opérations , & qui nous foumet
fans raifonnémens ; mais on peut croire
auffi que les réfultats des calculs hypothé-
tiques & arbitraires ne font pas de l'ordre
des connoiffances lumineufes, deftinées
à former les fciences qui éclairent la raifon , qui dirigent les expériences & les
obfervations phyfiques , & règlent la con-
duite des hommes pour les befoins de la
vie , & les liens de la fociété ; c'eft pourquoi ceux qui ne s'appliquent pas à cette
étude abftraite des calculs fpécieux, ne
rougiffent pas d'avouer à cet égard leur
ignorance. Il n'en eft pas de même des calculs réunis aux opérations évidentes de la
Géométrie démonftrative qui apprennent
quelle doit être la marche régulière de
l'efprit dans la recherche de la vérité ;
car la Géométrie, proprement dite , n'admet rien qui ne foit rigoureufement démontré ; fon objet eft la certitude lumineufe & inattaquable.

ESSAI

Sur la transformation géométrique du Cercle en Quarré & du Quarré en Cercle.

NOUS établissons notre opération, autant qu'il se peut, sur le rapport de 7, 22, trouvé par Archimede, quoiqu'il paroisse décidé par le calcul que ce rapport ne donne pas exactement la quadrature du cercle.

Nous allons donner diverses constructions beaucoup plus simples, plus commodes, & qui présentent plus de rapports assurés, communs au cercle & au quarré, que celle qu'on employe ordinairement pour obtenir la transformation du cercle en quarré selon le rapport de 7, 22 ; les mesures se trouvent presque les mêmes ; nous devons en avertir pour en rapporter la découverte à son auteur, qui peut-être ne croyoit pas lui-même son opération rigoureusement géométrique ; car il paroît qu'il a confondu, dans ses supputations, le méthaphysique avec le géométrique ; qu'il a pris la conséquence pour le prin-

cipe, la liaison des idées pour l'évidence ;
& qu'il a cherché dans l'infini des conditions qui ne conviennent pas à une grandeur
bornée, & qu'il n'a pas démêlé la grandeur
qui est l'objet de la Géométrie d'avec les
autres genres de quantités, ni débrouillé
le cahos des idées qui se présentent confu-
sément dans le problême dont il s'agit, &
dont le fond, peu méthaphysique, exige
beaucoup d'éclaircissemens méthaphysiques, lorsqu'on veut y pénétrer par des
calculs abstraits ou par d'autres voies que
par la Géométrie.

Quoi qu'il en soit, on n'envisage ici la
quadrature du cercle que comme un problême géométrique ; car ce n'est qu'à cette
condition qu'elle peut être réellement sus-
ceptible de démonstration évidente de
premier aspect ou de déduction ; car sans
les mesures géométriques on ne peut avoir
aucune indication intellectuelle des mesures méthaphysiques, parce que celles-ci
ne sont qu'une conséquence des premières ;
& de quelque manière qu'on l'entende, il
faut toujours que les points & les lignes
méthaphysiques, qu'on cherche dans l'infini, soient enfermés dans les lignes & les
points géométriques, si l'opération est rigoureusement géométrique ; ce qui suffit
dès-lors pour exclure de la Géométrie les

doutes qui lui sont étrangers, & pour dissiper les erreurs du calcul des imperceptibles qui ne peut porter sur une base assurée par la Géométrie démonstrative.

CONSTRUCTION

Pour changer le cercle en quarré, & le quarré en cercle. (Pl. VIII. fig. 1.)

Faites le cercle L.

Tirez les quatre diametres A D & C B; & *p q* & *n n* qui divisent ce cercle L en huit parties égales.

Du point *q* au point E, décrivez l'arc G E F.

Prenez la mesure de la corde F G; portez-la de B en *æ* sur le diametre B C.

Prenez la mesure C B, portez-la de *æ* en *d* sur le prolongement du diametre C B.

Du point E au point *d*, décrivez le grand cercle ponctué I K divisé en huit parties égales par le prolongement des quatre diametres du cercle L.

Du point *b* au point *c* tirez la ligne *b c*.

Du point *c* au point *a* tirez la ligne *c a*.

Du point *a* au point *d* tirez la ligne *a d*.

Du point *d* au point *b* tirez la ligne *d b*.

Du point *d* au point *b* décrivez l'arc *b æ a*.

Tirez la corde de l'arc E G prolongée en *f*.

Du point *d* au point *f* décrivez l'arc *f æ v.*

Prenez la mesure du côté *d b.* portez-la de E en Q.

Par le point Q tirez la ligne M N égale & parallele à la diagonale *c d.*

Divisez-la en trois parties égales, enfermées chacune dans un demi-cercle, dont les cordes seront divisées chacune en huit parties égales; ce qui fait 24 pour la totalité de la ligne M N égale à la diagonale *c d.*

Prenez la mesure *c æ*, portez-la de M en *g*, tirez la ligne *æ g.*

Prenez la mesure *æ œ*, portez-la de *g* en *e.*

Le quarré *œ d* N *e* sera égal au quarré *a d b c.*

Si on divise le côté d'un quarré en quatre parties égales, & qu'on tire une ligne H E, on aura la mesure d'un rayon, qui peut servir à changer le *quarré* en cercle.

Autres rapports réciproques du cercle & du quarré, par lesquels on peut transformer le cercle en quarré & le quarré en cercle.

CONSTRUCTION.

Du point A au point *m* décrivez la portion de cercle *m y p.*

Prenez le rayon *m* E du cercle L, portez-le de *y* en *n.*

De *y* en *n* décrivez le cercle B, qui fera égal au cercle L.

Par le point *n* tirez la ligne *a d*, qui fera l'hypothenufe de l'angle droit *a* E *d*, & le côté du quarré égal au cercle L & au cercle B.

Les diagonales *n c* & *n a* du parallélogramme rectangle *n a c n*, moitié du quarré *a d b c*, feront égales chacune au diametre du cercle L & du cercle B.

La ligne *n y* eft la mefure d'un rayon, qui peut fervir à changer le quarré en cercle, égal au cercle L & au cercle B.

DÉMONSTRATION.

Soit la diagonale *c d* divifée en trois parties égales, & chacune de ces trois parties foudivifées en huit parties égales, chacune de ces huit parties fera égale à fix degrés de la circonférence du cercle L.

La ligne *d æ* eft égale au diametre du cercle L, & contient 19 des 24 parties de la diagonale *d c*; ainfi ces 19 parties, qui font chacune égale à 6 degrés de la circonférence du cercle L, font en tout 114 degrés; la ligne *d œ*, qui eft égale à un des côtés du quarré, eft égale à 17 des 24 parties de la diagonale; chacune de ces parties étant auffi de 6 degrés de la circonférence du cercle, les 17 font 102 degrés.

Les 114 parties du diametre étant triplées, donnent 342 ; ainfi il s'en manque 18 degrés qu'ils ne foient égaux aux 360 degrés de la circonférence de cercle L. Mais, en prenant 20 mefures ou les cinq fixiémes de la diagonale, on aura 6 degrés de plus, qui, étant triplés, donneront précifément les 18 qu'il falloit ajouter à 342 ; *ce qu'il falloit trouver & démontrer* *.

OBSERVATIONS

Sur la quadrature métaphyfique du Cercle.

ARCHIMÈDE a employé dans fes recherches, fur la quadrature du cercle, un polygone de 96 côtés : or on peut, comme dans la démonftration précédente, multiplier les foudivifions de ce polygone jufqu'à l'imperceptible, & on arrivera à la même décifion. Il eft vrai qu'on n'a pas crû qu'il fût poffible que cette démonftration pût être exacte, parce que le cercle eft plus grand qu'un polygone infcrit, & qu'il eft plus petit qu'un polygone circonfcrit ; on fçavoit pour tant que plus on les

---

* Voyez ci-après les remarques & la fcholie.

ſoudiviſe l'un & l'autre, plus ils ſe rap-
prochent, & qu'il faut qu'ils ſe réuniſſent
au cercle ſi exactement qu'ils ne devien-
nent qu'un ſeul & même polygone : mais
on a cru que la progreſſion de ce rapprochement s'étendoit à l'infini ; ce qui
cependant n'étoit pas facile à comprendre ;
car ce rapprochement étant réciproque de
part & d'autre, doit avoir néceſſairement
un terme, comme les branches d'un compas, qu'on pouſſe également pour les
fermer, ſe réuniſſent au milieu *q* de l'angle ſuppoſé **BED**, que fermeroit leur
ouverture : ce milieu eſt le terme où elles
ne peuvent pas manquer de s'arrêter, &
qu'elles ne peuvent paſſer ; ainſi ce terme
n'a pas beſoin d'être cherché par le calcul ;
il eſt connu & décidé par lui-même.
L'exemple de l'aſymptote avec l'hyper-
bole n'a pas lieu ici, où le rapprochement
vers le rayon diamétral eſt réciproque &
égal de part & d'autre, & où il y a un terme fixe ; la comparaiſon ſeroit abſurde.

Ce milieu, ou ce terme du rapprochement, eſt le rayon intellectuel diamétral,
commun aux deux angles, l'inſcrit & le
circonſcrit : c'eſt ce rayon diamétral intellectuel qui eſt la clef de la voûte qui
aſſure toute la conſtruction de l'édifice ;
c'eſt à l'extrêmité de ce rayon où ſe réu-

niſſent en un point géométrique, l'arc
géométrique, ſa corde géométrique, & ſa
tangente géométrique, & où ſont compris
l'arc intellectuel, ſa corde intellectuelle,
& ſa tangente intellectuelle, qui ſont
indéterminables; mais toutes les ſoudiviſions d'un polygone ſe font par moitié;
c'eſt-à-dire, par parties aliquottes; & une
partie aliquotte eſt elle-même une unité,
qui ſe prête à d'autres ſoudiviſions juſqu'à
l'unité imperceptible *.

Ainſi les ſous-diviſions d'un polygone
diviſent toute la circonférence du cercle
en unités : or, comme ces ſoudiviſions peuvent être pouſſées juſqu'à l'imperceptible,
elles ne peuvent pas manquer d'arriver à
l'unité géométrique, où le polygone inſcrit
& le polygone circonſcrit ſe réuniſſent en
un ſeul & même polygone, ſans pouvoir
enſuite ſe déſunir ni paſſer ce terme d'unité
géométrique, où la portion d'arc & ſa corde
peuvent être réduites à un point, à un demi-
point, à un quart de point géométrique,
&c, à l'endroit où le rayon diamétral preſ-
qu'imperceptible, ou même imperceptible
d'un angle, coupe par moitié cette portion
d'arc & ſa corde en parties aliquottes, qui

---

* Voyez le Corollaire de la Triſection, page 9.

font toujours des unités par lefquelles le calcul peut toujours arriver à un compte jufte.

Si on a perdu de vue l'unité intellectuelle, c'eft qu'on a cherché dans l'infini ce qui n'eft pas infini, & qu'on a été conduit là par l'idée indéterminée d'une abftraction métaphyfique, qui a jetté dans un calcul, en parties aliquantes, qui ne peut pas former un compte jufte en rigueur géométrique, ni en rigueur intellectuelle; mais fi on n'avoit pas pris la conféquence pour le principe, c'eft-à-dire, fi on n'avoit pas pris une fimple perception d'induction indéterminable pour une bafe géométrique, & qu'on eût bien reconnu que *la Métaphyfique n'eft qu'une phyfique indéterminée*, on ne feroit pas tombé dans cet incalculable, qu'on appelle fauffement incommenfurable, & on auroit trouvé fûrement & évidemment ce qu'on cherchoit, même jufqu'à l'exactitude la plus fcrupuleufe, affurée en toute rigueur géométrique; & on n'auroit pas admis des incommenfurables en géométrie; parce que le compas tranche net, & n'eft point affujetti aux fractions irrationnelles ni aux infuffifances arithmétiques & algèbriques, qui forment des impoffibilités étrangères à la Géométrie, & dont on la

débarraſſera lorſqu'elle ne ſera plus précé-
dée dans ſes recherches par le calcul &
par la Métaphyſique ; car les nombres
des meſures doivent être établis géométriquement, & être apperçus avant que
de les compter, & il faut auſſi que les
rapports déciſifs des meſures ſoient trou-
vés géométriquement avant que d'en tirer
des inductions métaphyſiques imperceptibles, qui excluent toute évidence, & déconcertent la raiſon, parce qu'on renverſe
l'ordre phyſique qui aſſure nos connoiſſances ; c'eſt-à-dire, lorſqu'on prend, comme
nous l'avons dit, la conſéquence pour le
principe. Sans le point géométrique, on
n'auroit aucune indication ni perception
intellectuelle des points ni des lignes mathématiques ; c'eſt donc renverſer l'ordre
que de prendre pour principes ces lignes
& ces points indéterminables, qui ne ſont
indiqués intellectuellement que par les
points & les lignes géométriques. C'eſt
dans ce renverſement que conſiſtent tous
les tours d'adreſſe des Sophiſtes & des
Pyrrhoniens, pour éluder l'évidence qui
caractèriſe la certitude des vérités phyſiques ; & c'eſt par le redreſſement de cet
ordre, qu'on doit ſuivre dans la recherche
de la vérité, que les vrais Philoſophes
les ſoumettent à l'évidence par l'aſſentiment
général

général des hommes clair-voyans qui res-
pectent la vérité.

REMARQUE.

Si on suppose la circonférence du cercle divisée en 60 parties égales, chacune
de ces parties répondra par 6 degrés à
chaque division de la diagonale en 24.
On pourroit, en oubliant que l'arc d'une
60me partie de la circonférence est tel qu'il
se trouve confondu avec sa corde, on
pourroit, dis-je, objecter que cet arc étant
de six degrés, peut être divisé en six parties, dont les six cordes ensemble seroient
plus grandes que la corde de l'arc total.

Pour dissiper cette objection, on peut
s'attacher à une idée plus précise de l'immersion d'un arc dans sa corde, en sup-
posant un polygone de 180 côtés, &
une division de la diagonale en 72 parties :
alors chaque division de la circonférence
sera de deux degrés qui se trouveront
couverts par la corde de l'arc total, considéré comme une ligne droite géométrique, & cette corde se trouvera égale à
chacune des parties de la diagonale ; car
la diagonale sera égale à 144 degrés de
la circonférence du cercle ; or , deux

G

fois 144 font 288, c'eſt-à-dire les quatre cinquièmes de la circonférence du cercle.

Le diamètre du cercle ſera à ſa circonférence comme 114 à 360; c'eſt ſix degrés de moins que le tiers de la circonférence; les cinq ſixièmes de la diagonale ſont égaux à 120 degrés qui ſont exactement le tiers de la circonférence; car trois fois 120 font 360.

Le côté du quarré ſera à ſa diagonale, comme 51 à 72 : deux fois 51 degrés font 102, qui, pris quatre fois, font 408 pour les quatre côtés du quarré.

Archimède a pris pour la totalité de la circonférence, meſurée par ſes degrés, trois diamètres & un ſeptième de diamètre; ce qui ne donne que 358 degrés & environ un tiers, au lieu de 360 degrés, car le ſeptiéme du diametre, qui n'eſt que de 114 degrés, eſt 16 degrés & environ un tiers; or nous avons dit qu'il falloit 18 pour arriver de 342 à 360 : ainſi, par le calcul d'Archimede, il manque environ 2 degrés moins un tiers; d'où réſulteroit, par exemple, une erreur d'environ 40 lieues pour le cercle de l'Equateur de la terre. Si on calcule la ſurface d'un cercle par le quarré de la quadrature d'Archimede, le produit fera à peu près conforme à celui de la demi-circonférence du cercle mefurée par fes degrés & multipliée par le rayon : mais cette mefure par degrés n'eft pas celle de la vraie déployée d'une circonférence, puifque la courbure de l'arc de chaque degré n'y eft pas déployée ; ce qui doit faire douter qu'on foit, par le calcul, arrivé auffi près qu'on le croit de la quadrature du cercle, & qu'à cet égard il n'y ait rien à defirer de plus pour l'ufage des opérations géométriques : on pourra appercevoir au contraire que la Géométrie démonftrative reftera toujours imparfaite, tant qu'on ne fe conformera pas aux mefures géométriques des conftructions décifives de la quadrature du cercle.

Cependant on peut reconnoître par la multiplication de la demi - circonférence du cercle par le rayon, ainfi que par celle du quarré, qui eft réformé ici, que la vraie déployée eft à la circonférence comme $365\frac{3}{57}$ à 360. La demi-circonférence étant multipliée $182\frac{30}{57}$ par 57, le produit fera 10404 ; ainfi que le produit du côté du quarré multiplié par lui-même ; car 102 multiplié par 102 donne auffi 10404, comme la moitié de la circonférence déployée multipliée par le rayon.

G ij

Mais de tout tems on a regardé comme impossible de trouver le rapport exact du diamètre avec la circonférence du cercle, & de pouvoir faire une construction géométrique où les mesures du quarré & du cercle pussent être assujetties aux degrés de la circonférence du cercle, & aux divisions de la diagonale du quarré.

On a depuis eu recours en vain au fameux calcul intégral, calcul aussi imparfait que borné, & peu appliquable à la Géométrie, pour parvenir à une unité numérique qui seroit le point mathématique idéal que l'on vouloit trouver : mais il seroit encore impossible, quand on parviendroit à une équation qui donneroit cette unité numérique, de démontrer que cette unité fût réellement le point mathématique idéal, qui restera toujours inconnu. On a négligé le point géométrique, qui est le dernier terme décisif des mesures géométriques, & on a pris une fausse route, celle de l'infini, où l'on ne rencontre que des difficultés invincibles.

SCHOLIES.

1°. Comment êtes-vous assuré que le

diamètre du cercle eſt à la diagonale du quarré comme 19 à 24 ?

Par une démonſtration ſemblable à celle qui a été établie (Pl. II.) pour prouver le rapport de la diagonale avec le côté du quarré , & par les degrés de la circonférence du cercle portés d'abord un à un , & doublés enſuite 2 par 2 , &c. ſur la diagonale du quarré.

2°. Pourquoi dites-vous que la diagonale du parallélogramme $acnu$ eſt égale au diamètre du cercle L ?

C'eſt que ny qui eſt la moitié de nc , eſt rayon du cercle L tranſportée de y en n.

3°. Pourquoi dites-vous que le diamètre du cercle eſt au côté du quarré comme 19 à 17 ?

C'eſt que le côté du quarré eſt à la diagonale comme 17 à 24 , & que le diamètre du cercle eſt à cette même diagonale comme 19 à 24.

4°. Comment pouvez-vous prendre un degré de la circonférence du cercle pour le porter ſur la diagonale ?

Par la méthode enſeignée dans le Corollaire de la triſection de l'angle , où l'on propoſe de faire l'angle d'un pentagone.

G iij

Tel eſt l'angle A B C (Pl. IX.) dont l'arc A C eſt de 72 degrés.

Diviſez cet arc par moitié par le rayon B *e*.

La moitié A E de l'arc A C ſera de 36 degrés.

Diviſez ces 36 degrés en trois parties égales , dont chacune ſera de 12 degrés.

Diviſez une de ces trois parties en trois parties égales , dont chacune ſera de 4 degrés, que vous diviſerez & ſous-diviſe-rez par moitié ; cette derniere ſoudiviſion vous donnera un degré.

Tirez la tangente A *c*, elle couvrira un degré de cercle à côté du rayon A B.

Marquez ce degré par un point.

Doublez ce même degré, & enfermez les deux dans un cercle.

Formez de ſuite ſur la ligne droite A *c* 36 petits cercles égaux au premier ; vous aurez l'arc A C déployé par degrés ſur la ligne droite A *c*.

Du point A au point B décrivez l'arc B *b v* ; *v* A ſera la meſure du rayon A B, qui ſera de 57 degrés ; vous pourrez pren-dre de même ſur la ligne A *c* tout autre point que vous voudrez.

Ces démonſtrations une fois aſſurées ſuffi-
ſent, & reſtent ſous-entendues pour les
ſimples conſtructions pratiques de la quadrature du cercle.

Les degrés d'un arc meſuré ſur la ligne
droite, ne doivent-ils pas être égaux à ceux
qui ſont meſurés ſur la circulaire ?

Cependant on voit ici, par le produit du
calcul du quarré & par le produit de celui
de la demi-circonférence du cercle, que
les degrés meſurés ſur la ligne droite ſont
plus grands que ceux qui ſont meſurés ſur
la circulaire : pourquoi cette différence ?

Voyez ci-devant, page 27, l'éclaircif-
ſement ſur la courbure d'un arc immergé
dans une ligne droite géométrique , vous
concevrez que cet arc étant renfermé dans
un cercle, la tengente intellectuelle de cet
arc eſt le diamètre de ce petit cercle, &
eſt plus longue que la corde intellectuelle
de l'arc qui eſt renfermée dans le même
cercle, & qui eſt éloignée à peu près du
diamètre intellectuel de toute la largeur de
la ligne tengente géométrique : or le diamètre eſt la ligne la plus longue qui puiſſe
être enfermée dans un cercle ; donc elle
eſt plus longue que la corde en proportion
de l'éloignement de l'une à l'autre ; & on
ne doit pas oublier que c'eſt dans la cour-

bure de l'arc que confiste l'égalité de la
mesure d'un degré de circulaire avec la
déployée de ce degré de circulaire, qui est
plus longue que la corde de l'arc de ce
même degré.

Fin des Recherches Philosophiques.

PROJET

DE NOUVEAUX ÉLÉMENS

DE GÉOMÉTRIE.

PREMIÈRE PARTIE.

PRINCIPES de Géométrie rendus fensibles par la conftruction des figures primitives, rapportées au cercle & à la ligne droite, & par l'explication détaillée des conditions qui conftituent évidemment leur effence & leurs propriétés relatives à la Géométrie démonftrative & à la folution de divers Problêmes géométriques affujettis aux cas particuliers *.

* Ce font la ligne droite & la ligne circulaire qui fourniffent toutes les mefures géométriques, tant pour la conftruction des figures régulières que pour la folution des Problêmes particuliers ; & c'eft par la conftruction des figures géométriques qu'on apprend à connoître les propriétés & l'ufage de ces mefures.

On met tout d'abord la règle & le compas à la main

PROPOSITION I.

CONSTRUCTION d'un Cercle, & de son diamètre.

Cercle.
Centre.
Ligne.
Circonfé-
rence.

Diamètre.

DÉCRIVEZ un *cercle* qui ait son *centre* sur une *ligne* droite qui s'étende jusqu'à la *circonférence* du *cercle*, cette *ligne* sera ce que l'on appelle *diamètre* d'un *cercle*, & divisera le cercle par *moitié*; la *moitié* de ce *diamètre* s'appelle

des Elèves, sans débuter par des notions abstraites & générales, qu'ils ne concevroient pas; il faut leur faire connoître les objets, avant que de leur en donner des définitions; il faut leur faire construire les figures, pour qu'ils les comprennent plus facilement, & pour leur apprendre les conditions qu'elles exigent pour être régulières : car, lorsqu'on connoît les conditions essentielles des formes géométriques, on possède le fond de la Géométrie, parce qu'on a appris à connoître les mesures géométriques & la manière de mesurer, & à comprendre la certitude de ces mesures, car en construisant exactement les figures géométriques, il faut nécessairement qu'on saisisse les rapports décisifs des mesures qui constituent la forme essentielle de ces figures; & plus on aura construit de figures primitives régulières, plus on sera avancé dans la connoissance des rapports décisifs des mesures géométriques. Cette méthode ne présente d'abord que de l'amusement, & leur évite la contention de l'esprit, qui fait naître du dégoût pour l'étude de la Géométrie : elle dégage la Géométrie d'une multitude de règles ou théorêmes inutiles, découpés & rebutans, qui dérangent la marche naturelle de l'étude de cette science. D'ailleurs ceux qui

Rayon. rayon : il s'étend du *centre* à la circonférence du *cercle*,

EXPLICATION.

Le *diamètre a c* coupe en deux parties égales ou en deux *demi-cercles* le *cercle* A.

Ainsi le *diamètre* est la plus grande *ligne* que l'on puisse tirer dans un *cercle*.

Point. Le *centre b* du cercle est le *point* milieu duquel la *circonférence* est décrite de la même ouverture de *compas*.

Ainsi cette *circonférence* est par-tout également éloignée du *centre*.

---

ne se destinent pas par état à cette étude, qui ne veulent pas ignorer ce que c'est que la Géométrie, & qui veulent comprendre ses opérations & leurs usages, n'y trouveront rien d'embarassant & seront guidés par les objets mêmes de cette Science, jusqu'au terme où ils voudront s'arrêter. Ce sera aussi une introduction complete très-simple & très-régulière pour ceux qui voudront étendre plus loin leurs connoissances, & exercer leur intelligence en Maîtres sur la solution de tous les problêmes, qu'il faut résoudre dans la pratique lumineuse & générale de la Géométrique. *Voyez les Elémens de Géométrie de M. Clairaut, où la solution des Problèmes est démontrée immédiatement par les mesures primitives de la Géométrie sans l'entremise des théorèmes, & sans renvois qui fatiguent & déconcertent l'attention des Etudians, & font disparoître dans la construction des Problêmes la liaison des rapports décisifs des démonstrations, & l'ordre naturel de la théorie de la Géométrie. Cependant il seroit à souhaiter que sa méthode fût plus démêlée & plus en ordre, & que les différens genres de Problêmes y fussent arrangés, intitulés, & numérotés distinctement : c'est une première ébauche, qui ne peut être portée à sa perfection que par de Grands Maîtres.*

Les *rayons* ou les moitiés d'un *diamètre* s'étendent du *centre* à la *circonférence*.

Ainsi tous les *rayons* d'un *cercle* sont égaux.

PROPOSITION II.

CONSTRUCTION *d'un Angle*, *d'un* TRIANGLE *isoscele*, & *de son* OPPOSÉ *au sommet.*

TIREZ du *centre a* à la *circonférence* deux *diamètres d b* & *e c.*

Corde.   Des *points b* & *c* tirez la *corde*
Arc.   de l'*arc b c.*
Tirez la *corde* de l'*arc d e.*

EXPLICATION.

Angle.   Un *angle* est un espace renfermé entre deux lignes comme *e a* & *d a*, lesquelles se rencontrent en un point commun *a*, que l'on nomme sommet. On appelle Triangle.   *triangle* un espace renfermé entre trois lignes qui forment trois angles, comme *d, e, a.*

Les deux côtés *a c*, *b a* du triangle *a b c* s'étendent du *centre* à la *circonférence.*

Ainsi ils sont deux *rayons* ; or

deux *rayons* d'un *cercle* font égaux ; donc le *triangle a b c* a deux *côtés* égaux ; c'eſt ce qu'on appelle *triangle iſoſcele.*

Triangle iſoſcele.

Les deux *côtés a e, d a* du *triangle de a* s'étendent pareillement du *centre* à la *circonférence* ; donc ils font auſſi des *rayons*. Sa *baſe de* eſt égale à la *baſe c b* du *triangle a b c* : donc ces deux *triangles* font égaux, & ont l'un & l'autre même baſe & même *hauteur*, & leurs *côtés* font des diamètres qui fe croiſent en *a*, & forment des *angles* égaux oppoſés au *fommet a* : de même les *angles e a b* & *d a b* font égaux, parce qu'ils font auſſi *oppoſés au fommet.*

Baſe.

Côtés.
Hauteur.

Angles oppoſés au fommet.

PROPOSITION III.

CONSTRUCTION d'une ligne perpendiculaire & d'un angle droit.

DU *point* C *décrivez* le *cercle* K à diſcrétion ; tirez le *diamètre* H I du *point* I pris pour *centre*, & d'une ouverture de *compas* plus grande que le *rayon* I C, décrivez le *cercle* G.

Du point H pris pour *centre*, fans changer l'ouverture du compas, décrivez le *cercle* F.

Point de fec-
tion.

Des *points de fection* E & D,
tirez la *ligne* ECD, qui coupera en deux parties égales la
ligne HI.

EXPLICATION.

On appelle point de fection le point où
deux lignes droites ou circulaires fe coupent. Les points A, C & petit *c* font des
points de fection.

L'*arc* I *a* eft égal à l'*arc a* H; ainfi le
point a eft également éloigné du *point* I
que du *point* H : donc la *ligne* E C ne pan-
che ni d'un côté ni d'un autre

Ligne per-
pendicu-
laire.

vers la *ligne* H I; c'eft ce que
l'on appelle *ligne perpendiculaire.*

Les quatre *angles a, b, c, d,*
font *ifofceles*, égaux, & coupent
le *cercle* K en quatre parties égales.

Angles
droits ou
Angles rec-
tangles.

Donc les *diamètres* H I & E D
fe coupent régulierement en
croix ou à *angles droits* ou *angles*
rectangles.

PROPOSITION IV.

CONSTRUCTION d'un Quarré inscrit dans un Cercle, & du Triangle rectangle.

DANS le *cercle* B C D E élevez deux *perpendiculaires* l'une sur l'autre, E C & B D, qui se coupent à *angles droits*, passant par le *point* A, centre du cercle B C D E.

Des *points* B & C tirez la *ligne* B C.

Des *points* C & D tirez la *ligne* C D.

Des *points* D & E tirez la *ligne* D E.

Des *points* E & B tirez la *ligne* E B.

EXPLICATION.

Quarré. Les *lignes* B C, C D, D E & E B, qui sont les côtés du *quarré*, sont égales entr'elles; donc les quatre côtés qui forment le *quarré* sont égaux; & ces *lignes* B C, C D, D E & E B sont les *bases* de quatre *triangles* *Triangle* *rectangle.* rectangles. On appelle *triangle rectangle* tout *triangle* qui a un *angle droit*; tels sont B A C & C A D & E A B : la *base* d'un *angle droit* s'appelle *hypothénuse*.

hypothenuse.   Ainsi les quatre *hypothenuses* B C, C D, D E, F B de quatre *angles droits*, qui se réunissent au

Angles inscrits.   centre d'un *cercle* où ils sont inscrits, forment un *quarré parfait*, & divisent la *circonférence* du cercle en quatre parties égales. On

Degrés.   divise la *circonférence* du *cercle* en 3 6 0 *degrés*; donc le quart de cette *circonférence* est de 9 0 *degrés*; les deux *diamètres* E C & B D s'ap-

Diagonales.   pellent les *diagonales* du quarré. Les côtés du quarré opposés l'un

Paralleles.   à l'autre, sont *paralleles*, c'est-à-dire, à la même distance l'un de l'autre dans tout leur trajet, fussent-ils prolongés à l'infini, parce que leurs distances sont réglées par les diagonales B D & C E, qui sont égales.

PROPOSITION V.

CONSTRUCTION d'un Octogone ou Polygone de huit côtés inscrit dans un Cercle.

FAITES le *cercle* O, & établissez un *quarré* sur ses *diamètres* B D & E C qui se coupent à *angles droits* en A.   Du

Du *point* B & de l'ouverture B F du compas prife à difcrétion, & du *point* E, fans changer l'ouverture, faites la *fection* F.

Du *point* F au *point* A tirez la *ligne* F A, prolongée en L.

Prenez la mefure B M, portez-la huit fois fur la *circonférence* du cercle O, vous aurez les *points* B, M, E, K, D, L, C, I.

Tirez les *lignes* B M & M E & E K & K D & D L & L C & C I & I B.

EXPLICATION.

L'angle droit E A B eft divifé en deux parties égales par la *ligne* F A.

Ainfi la mefure E M étant répetée huit fois à la *circonférence* du *cercle* O

Octogone.
Polygone.
donne un *octogone* ou *polygone de huit côtés*, dont les *triangles* de leur divifion font égaux. Ainfi la *corde* de l'*arc* E M divife la *circonférence* du *cercle* O en huit parties égales qui ont chacune 45 degrés. La portion du *cercle* renfermée entre l'*arc* E M B & fa

Segment.
corde E B s'appelle *fegment* ; c'eft la même chofe que ce que l'on appelle vulgairement un *chanteau*, & l'angle E A B s'appelle

Secteur.
fecteur, ainfi que tout autre angle qui va du *centre* à la *circonférence*.

H

La *corde* E B de l'*arc* E M B forme avec la *ligne* F A quatre *angles droits* E G A, A G B, B G M, & M G E.

La *ligne* M B est l'*hypothenuse* de l'*angle droit* B G M, & G B est le *sinus* de l'*angle droit* B G M, qui se termine à l'*extrémité* B de l'*hypothenuse* B M.

La ligne *diamétrale* A G, qui est *perpendiculaire* à la corde E B, s'appelle *apothéme*.

Le *diamètre* L M coupe par moitié l'*angle droit* E A B. Les deux *angles* E A G & I A B, qui sont moins ouverts chacun qu'un *angle droit*, s'appellent des *angles aigus* ; l'*angle* K A B, qui est plus ouvert qu'un *angle droit*, s'appelle *angle obtus*.

Hypothenuse.

Sinus.

Apothême.

Angle aigu.

Angle obtus.

PROPOSITION VI.

CONSTRUCTION du Rhombe ou Lozange, du Rhomboïde régulier ; du Rhomboïde irrégulier ; du Trapèze & du Trapezoïde ; du Triangle scalène, & du Triangle amblugone.

PARTAGEZ le *cercle* I en quatre parties égales par les deux *diamètres* B D & C E,

Prenez à discrétion la mesure D F plus courte que l'intervalle D C, portant sur le *diamètre* E C.

Portez cette mesure de D en F.

Du point B au point F tirez la ligne B F.

Du point F au point D tirez la ligne F D.

Du point D au point G tirez la ligne D G.

Du point G au point B tirez la ligne G B, vous aurez le *rhombe* ou *lozange* G B F D.

Rhomboïde régulier.

Tirez les deux paralleles D X & Z B; ou ce qui est le même :

Prolongez la ligne D F en Z.

Prolongez de même sa parallele B G en X, & vous aurez le rhomboïde régulier D X Z B.

Rhomboïde irrégulier.

Tirez à discrétion la *ligne* B H plus courte que B D.

Du *point* G au *point* H tirez la *ligne* G H.

Du *point* H au *point* F tirez la *ligne* H F.

Vous aurez les deux *côtés* G H & H F égaux, & les *côtés* G B & B F égaux & plus longs que G H & H F.

H ij

Trapeze.

Du point G prenez à difcrétion la ligne G M plus courte que G B.

Portez cette mefure de F en L ; tirez la ligne L M, & vous aurez le *trapeze* GFML qui eft un *triangle ifofcele* tronqué par une *parallele* à fa *baze*.

Le triangle F H G a un angle obtus, & s'appelle *triangle ambligone*.

Triangle ambligone.

Le triangle F H K, qui a fes trois côtés inégaux, s'appelle *triangle fcalène*.

Triangle fcalène.

Trapezoïde.

Faites à difcrétion la *ligne* F K plus courte que F G.

Du *point* K au *point* B tirez la *ligne* K B.

Du *point* K au *point* H tirez la *ligne* K H.

Vous aurez le *trapezoïde* HKBF, qui eft un *quadrilatere* dont les quatre *côtés* font inégaux.

EXPLICATION.

Le *rhombe* ou *lozange* a fes quatre *côtés égaux*, & feulement fes *angles* oppofés égaux.

Rhombe ou Lozange.

Les deux *angles* B & D font aigus, & les *angles* G & F font obtus.

Ses deux *diagonales* font iné-gales ; mais l'une & l'autre le divifent par moitié.

Rhomboïde irrégulier. Le *rhomboïde irrégulier* a fes côtés oppofés inégaux. Les côtés de fon *angle* GHF font égaux, & les côtés de fon *angle* GBF font égaux auffi : il eft divifé en deux également par fa *diagonale* BH, & inégalement par fa *dia-gonale* GF.

Rhomboïde régulier Le *rhomboïde régulier* eft un *quadrilatere irrégulier* qui a fes côtés oppofés égaux & paralle-les ; fes angles oppofés auffi égaux, & les quatre côtés iné-gaux, & dont les deux diagonales ne fe coupent point à angles droits.

Quadrila-tere ou figu-re de quatre côtés égaux ou inégaux.

Le *quadrilatere* BFHK eft un *quadrilatere* irrégulier qui n'a ni angles ni côtés égaux, & qu'on *Trapezoïde.* appelle *trapezoide*. Il differe du *quadrilatere* irrégulier, qu'on ap-*Trapèze.* pelle *trapeze*, en ce que le *trapeze* a deux côtés oppofés G M & L F égaux & les deux autres G F &

H iij

LM *paralleles* & inégaux; ainsi un *triangle isoscele* tronqué par une parallele à sa *base*, est un *trapeze*.

Lignes pa-
ralleles.

On appelle *paralleles* deux lignes qui font à égale diftance l'une de l'autre, en forte qu'elles ne fe rencontreroient pas quand elles feroient prolongées à l'infini.

PROPOSITION VII.

CONSTRUCTION d'une Equerre ou Angle droit fur l'extrêmité d'une ligne droite; d'une Ligne tangente; d'un Cercle de deux Lignes paralleles, & d'un Parallélograme rectangle.

SOIT le *diamètre* A B la *ligne* donnée; à l'extrêmité de laquelle il faut élever une *perpendiculaire*. Des *points* A & B faites la *fection* N & la *fection* M; par les *points* N & M tirez la *ligne* C M prolongée vers E, coupant le *cercle* en D; des *points* E & C faites les *fections* F & G; tirez la ligne F G.

Prenez la mefure C A, portez-la de A en I; tirez la *ligne* I A prolongée vers K, vous aurez A K *parallele* à E C, qui formera un *angle droit* sur l'extrêmité A de la *ligne* AB, & vous aurez l'*Equerre* I A C.

Tirez la *ligne* EK parallele à I D, & vous aurez le *parallélograme rectangle* KACE.

EXPLICATION.

La *ligne* A I, qui est élevée à l'extrêmité de la *ligne diamétrale* AB, forme un *angle droit* ou *equerre*, parce que A C est égal à I D, à A I & à CD ; ainsi l'*angle* I A C est l'*angle* d'un *quarré* & par conséquent un *angle droit*.

Equerre.

La *ligne* A I est égale au rayon CD, donc la ligne I D touche le *cercle* au *point* D ; donc elle est *tangente* ou touchante du *cercle* L.

Tangente.

Les deux lignes A K & C E font *paralleles*, c'est-à-dire, partout également éloignées l'une de l'autre, parce que KE est égal à A C, ce qui mesure également leur distance en A C & en K E.

Le *parallelograme rectangle* ACEK est un *quadrilatere* qui a ses deux côtés opposés K A & EC égaux entr'eux & ses deux

Parallélo-grame rec-tangle.

autres côtés opposés A C & K F auffi égaux entr'eux, mais moins longs que les deux côtés K A & E C.

Les quatre angles A, E, K, C de ce quadrilatere font droits, & leurs côtés font paralleles ; c'eft pourquoi ce *quadrilatere* s'appelle *parallélograme rectangle.*

PROPOSITION VIII.

CONSTRUCTION pour retrouver le centre perdu d'un Cercle, ou d'une portion de Cercle, & pour faire paffer un Cercle par trois points donnés, pourvu qu'ils ne foient point en ligne droite.

SOIT le *cercle* N, dont il faut retrouver le *centre*, pofez à difcrétion trois *points* B, C, D fur la *circonférence* du *cercle* N.

De ces trois points, & d'une ouverture à difcrétion & toujours la même, faites les *fections* E, F, G, H.

Du point F au point G tirez la ligne F G prolongée jufqu'à la partie oppofée de la circonférence.

Du point E au point H tirez la ligne E H prolongée de même.

Le point de *fection* A fera le *centre* de la *circonférence* du cercle N.

EXPLICATION.

Les deux lignes F L & E M, qui coupent par moitié les arcs B C & C D entre les points donnés, se rencontrent au point A, & étant prolongées jusqu'à la circonférence du cercle N, forment deux diamètres : or ces diamètres passent par le centre du cercle à l'endroit où ils s'entre-coupent.

Donc le point A est le centre du cercle N.

PROPOSITION IX.

CONSTRUCTION des Cercles concentriques, dont les divisions, faites par les rayons du Cercle, sont semblables ou omologues.

DU point L pris pour centre, & de différentes ouvertures à discrétion, décrivez plusieurs cercles H, I, K, L.

Tirez les *lignes diamétrales* B E & C F & D G.

EXPLICATION.

Un *angle* se mesure par un *arc* décrit à volonté, & qui a pour centre le sommet

L, on forme le cercle L; du même centre
L on décrit le cercle K, ensuite le cercle
I & le cercle H; & l'angle B L G sera un
angle au centre.

Donc l'arc G B qui le mesure, sera
moitié de l'arc G C, qui mesure l'angle G L B moitié de l'angle obtus G L C.

Arcs omologues.

Si on décrit plusieurs *arcs* sur un même *angle*, tous ces *arcs* auront le même nombre de degrés; c'est pourquoi on les appelle *omologues* ou *semblables*.

Les portions de cercle, qui font divisées en G B, *p-m*, *ſ-n*, *t-p* par l'*angle* B G L, ont chacune même nombre de degrés du cercle dont elles font portions; ainsi les divisions de chaque cercle, qui font comprises dans l'*angle* B G L, & qui ont tous pour centre le sommet L de cet *angle*, font des *arcs* qui font tous *semblables* ou *omologues*.

PROPOSITION X.

CONSTRUCTION pour diviser une ligne droite en autant de parties que l'on veut.

SOIT la ligne C B que l'on veut diviser, par exemple, en trois parties égales.

Du point B & de l'ouverture C décrivez l'arc CG ; tirez la ligne BG.

Du point C & de l'ouverture B faites l'arc BL égal à l'arc CG ; tirez la ligne LC.

Du point C portez à discrétion sur la ligne CL trois parties égales D, E, F.

Du *point* B sans changer l'ouverture du compas, portez sur la ligne BG trois parties égales K, I, H.

Tirez les *lignes* CH & DI & EK & FB, vous aurez la *ligne* CB partagée en trois parties égales *l m* & *m n* & *n o*.

EXPLICATION.

Les trois divisions établies sur les *lignes paralleles* CL & GB sont égales sur l'une & sur l'autre *parallele*.

Les *lignes* tirées d'une *parallele* à l'autre par chacune de ces divisions, divisent en passant la *diagonale* CB en trois parties égales.

PROPOSITION XI.

CONSTRUCTION des Angles internes & externes, de l'Angle au centre d'un Cercle ; & de l'Angle à la circonférence du même Cercle.

FAITES le cercle A, tirez le *diametre* CB.

Du *point central* A faites à diſcrétion l'*angle aigu* D A E.

Du *point* A faites à diſcrétion l'*angle obtus* G A H. Tirez la ligne G B.

Tirez la ligne H B.

Vous aurez l'*angle* H B G, qui ſera un *angle* à la *circonférence*, & qui ſera *aigu* & moitié de l'*angle* au *centre* G A H, qui eſt un *angle obtus*.

Tirez les lignes D B & E B & la corde CD.

Diviſez la ligne D B en deux parties égales en F.

Tirez la ligne A F qui diviſe le *triangle* D B A en deux *triangles iſoſceles* égaux A D F & A B F qui, pris enſemble, ſont égaux au *triangle* C A D.

Diviſez la ligne H B en deux parties égales en I.

Tirez la ligne A I, qui diviſe le *triangle* H A B en deux *triangles* iſoſceles égaux H A I & A B I qui, pris enſemble, ſont égaux au *triangle* C A H.

EXPLICATION.

Angle in-
terne.

Angle ex-
terne.

On appelle *angle interne* l'angle D B A, & *angle externe* l'angle D A G, parce que celui-ci eſt dehors du premier, & que ſon côté C A eſt une continuation du côté A B de l'*angle* D A B.

Le *triangle* D A C eſt égal au *triangle* D B A, & double du *triangle* F B A, parce que ſa *baſe* C D eſt double de F A.

C'eſt pourquoi l'*angle interne* eſt toujours égal à ſon *externe* L'*angle* D B C, qui a ſon *ſommet* à la *circonférence du cercle*, eſt équivalent à la moitié de l'*angle* au *centre* D A C, qui a moitié moins de hauteur. Par exemple, l'*angle* H A G eſt un *angle obtus* double de l'*angle* H B G, qui eſt un *angle aigu* qui eſt double de hauteur, & qui eſt meſuré par la moitié des degrés de l'*arc* qui les ſupporte.

Ainſi, ſuppoſons que l'*arc* de l'*angle* obtus au centre fut de 110 degrés, l'*arc* qui ſupporte l'agle aigu à la circonférence n'en aura que 55, quoiqu'il ſoit le même que celui de l'angle obtus au centre.

La raiſon de cette différence, eſt que le ſommet de l'angle au centre étant tranſporté à la circonférence, ſe trouve éloigné des extrêmités de l'arc qui le ſupporte de toute la longueur d'un rayon, & alors le nombre des degrés de cet arc diminue en raiſon de ce que le ſommet de l'angle à la circonférence s'éloigne de celui de l'angle au centre. Or il en eſt une fois plus éloigné ; donc le nombre des degrés doit être une fois moins grand ; ce que l'on comprendra facilement, si, du point B pour centre ou point A on décrit un cercle qui sera égal à celui qui a son centre en A, la portion d'arc de ce nouveau cercle, qui sera comprise entre les lignes G B & C B, ne sera que la moitié de l'arc C G.

PROPOSITION XII.

CONSTRUCTION de la Trisection de l'Angle ; du Triangle équilatéral, & de l'exagone.

SOIT PCO l'angle donné pour être divisé en trois parties égales.

Divisez cet angle en deux parties égales par la ligne diamétrale C V.

Du point C pris pour centre, décrivez le demi-cercle I R L F plus ou moins grand, selon que vous voudrez que votre figure soit plus ou moins grande.

Tirez sa corde I F perpendiculairement à la diamétrale C V.

Divisez-la en trois parties égales I M & M N & N F.

Tirez la ligne H G, plus ou moins éloignée à discrétion, mais parallele & égale à la corde I F.

Du point F tirez la ligne F G parallele à la diamétrale C U.

Tirez sa semblable I H.

Du point M tirez la ligne M O parallele à la diamétrale C U.

Tirez sa semblable N P.

Prenez la mesure C*o*, portez-la de N en Q, & décrivez l'arc Q S.

Portez la même mesure de M en K, & décrivez l'arc T K.

Tirez la ligne T S, qui sera divisée en trois parties par les lignes M *o* & N *p*.

Du point C au point Q décrivez l'arc D Q K E, qui mesure l'angle donné D C E.

Tirez la corde D E.

Du point C tirez le rayon C K & le rayon C Q, qui divisent l'angle donné C D E en trois parties égales.

Tirez la ligne T *ff* parallele au rayon C Q, la ligne C *ff* sera égale à T Q, à D *a* & à *a* K, qui est parallele & égale à Q D, & qui forme le losange D Q *κ a*.

EXPLICATION.

La condition essentielle de cette construction, est que les deux divisions Q & K de l'arc D Q K E soient déterminées par la ligne C *o* portée de M en K & de N en Q sur les deux paralleles M Q & N K; ainsi

la portion M N de la corde I F sera egale
à chacune des trois parties T Q & Q K &
K S de la ligne T S qui est divisée conjointement avec l'arc D *d* E, en trois parties égales par les deux paralleles Q M &
K N ; ce qui prouve déjà que deux paralleles à la diamétrale C *d* peuvent diviser
une *droite* & une *circulaire* ensemble en
un même nombre de parties semblables.

Trisection de l'angle.

L'*angle* donné est ici un *quart
de cercle* dont la *trisection* est connue par des mesures qui lui sont
particulieres, & qui sont connues de tous les Géomètres. Ils
prennent la mesure du rayon
D C, ils la portent de D en K
& de E en Q, & la trisection est
faite; mais toujours faut-il que,
dans cette *trisection* du *quart de
cercle*, & dans toute autre, la ligne C *ff* soit égale à chacun des
quatre côtés du lozange D Q *k a*,

Proportion-nelles.

parce que la ligne *ff* C égale à D *a*
& à T Q est une des deux *proportionnelles* requises pour la *trisection*
de *l'angle*, & dont la moitié M C
est la mesure de l'autre *proportionnelle* qui
est égale à la ligne Q *d* : or ces deux *proportionnelles* sont les mêmes que M N &
C N ; donc la ligne M N est commune
à

à toutes les autres mesures de la *trisection*, qui sont égales entr'elles ; ce qui peut être démontré de bien des manieres.

Nota. Cette construction ne s'étend pas plus loin que le *quart de cercle*. Si l'un-gle donné étoit plus ouvert que l'*angle droit*, il faudroit faire la construction sur la moitié de cet angle donné ; ce qui revient au même ; parce que les mesures de la moitié de l'*arc* étant doublées, donnent les mesures de l'*arc entier*.

COROLLAIRE.

CONSTRUCTION de la division géomé-trique du Cercle en 360 degrés.

L'arc d'un angle d'un *décagone* ou poly-gone de dix côtés, est de 36 degrés. Divi-sez cet arc en trois, vous aurez douze de-grés : soudivisez encore en trois parties ces douze degrés, chaque partie de cette sou-division sera de quatre degrés, qui, divisés par moitié donnent deux degrés, qui, di-visés aussi par moitié, donnent la mesure d'un degré. Ainsi la *quadrature du cercle* est aussi un corollaire de la trisection de l'angle & de la construction des polygones primitifs.

Quadrature du Cercle.

I

Triangle équilatéral.
Exagone.

Le triangle équilatéral & l'exa-
gone inscrits dans le cercle Y.

Divisez par moitié le rayon *d c,*
tirez par cette division la ligne
F E, elle sera un des côtés du
triangle équilatéral f e g. Ce triangle a tous ses angles aigus; &
tout triangle qui a tous ses angles
aigus, s'appelle *oxigone* : l'arc

Triangle
oxigone.

Q E sera l'arc d'un angle de l'*exa-*
gone ou *polygone* de six côtés.

PROPOSITION XIII.

CONSTRUCTION du Décagone & du
Pentagone, établie sur un quart de cercle
& qui convient à la construction des Po-
lygones primitifs.

FAITES l'angle droit L B H & sa diamétrale B F.

Décrivez le demi-cercle *j e h* plus ou
moins grand, selon que vous voudrez
que votre figure soit plus ou moins grande.

Tirez sa corde *j h* perpendiculaire à la
diamétrale B F.

Divisez-la en trois parties égales *j q, q p,*
p h.

Du point *j* élevez la perpendiculaire *j* T parallele à la diamétrale.

Elevez de même les perpendiculaires *q* U, *p* S, *h* R paralleles à la diamétrale B F.

Prenez la mesure B W, portez-la de *q* en *r* sur la parallele *p* S.

Faites l'arc *c v*.

Tirez la ligne *v* &c. égale & parallele à la corde *j h*, elle sera partagée en trois parties égales par les deux paralleles *q* U & *p* S.

Du point B au point *r* décrivez l'arc L *r* H.

Tirez sa corde L H.

Divisez en cinq parties égales la moitié *v* N de la ligne *v* &c.

Prenez une de ces cinq parties, portez-la de N en *t* sur la ligne *v* &c.

Du point *t* au point *g* tirez la ligne *t g* parallele à la diamétrale B F.

Prenez sur l'arc L *r* H la mesure *o t*, portez la quatre fois en commençant par H, sur le même arc jusqu'en *t*, tirez la ligne B *t*, *Decagone.* vous aurez l'angle du *décagone* ou *polygone* de dix côtés.

Doublez l'arc H *t*, vous aurez l'arc HG, qui sera l'arc d'un an-*Pentagone.* gle de *pentagone* ou *polygone* de

I ij

cinq côtés GH, HI, IL, LM, MG, inſcrit dans le cercle A.

EXPLICATION.

Les deux paralleles *q* U & *p* S renferment le tiers du quart de cercle L H, dont la triſection eſt connue : ces paralleles renferment auſſi le tiers de la ligne *v*, *&c.* qui partage en trois parties égales le quart du cercle. Donc un arc peut être diviſé en trois par la ligne *v &c* & par deux paralleles à la diamétrale B F.

Donc le tiers de l'arc O H renfermé entre la diamétrale B O & ſa parallele *p* S peut être diviſé par d'autres paralleles en autant de parties que l'on voudra, qui ſeront meſurées par un pareil nombre de diviſions de la ligne N *r* compriſe entre la diamétrale & la parallele *p* S, parce que le tiers de l'arc O H renfermé entre la diamétrale B O eſt meſuré lui-même par deux paralleles, & par cette ligne N *r* ; par conſéquent toute autre parallele à la diamétrale placée entre la parallele *p* S & la diamétrale B O diviſera en même raiſon le tiers de l'arc O H & la ligne N *r*, qui ſont compris tous deux entre la diamétrale B O & la parallele *p* S : mais ces paralleles ne peuvent pas renfermer plus du tiers de l'arc

OH ; ce tiers peut être même le sixiéme
d'un demi-cercle dont la trisection est connue : au-delà de ce sixiéme, la courbure
de l'arc total se refuse à ce genre de divisions ; mais une de ces divisions peut être
appliquée à l'arc total, & le diviser en autant de parties que la ligne *v &c.* sera divisée, pourvu que la division soit prise sur
l'arc entre la diamétrale & la parallele *p S*
qui y marque cette division ; car une partie ainsi divisée est toujours plus petite sur
la ligne *v &c* que sur l'arc, quoiqu'elle soit
toujours en même proportion sur l'une que
sur l'autre, puisqu'une de ces divisions peut
s'étendre jusqu'au tiers de l'arc, & conjointement jusqu'au tiers de la ligne *v &c.*

Il faut faire ici un petit calcul : la moitié
de la ligne *v &c* est divisée en cinq ; c'est
comme si toute cette ligne étoit divisée en
dix parties qui doivent correspondre à un
polygone de dix côtés, de maniere que
chaque arc des dix angles de ce *Polygone*
ait quatre parties ; car chaque quart de
cercle doit avoir deux angles & demi de
décagone, qui font dix angles pour le cercle
entier.

PROPOSITION XIV.

Construction de la division géométrique d'un angle donné, en autant de parties qu'on voudra; & de la division géométrique d'un cercle en 360 degrés.

Prenez la mesure de l'angle du pentagone précédent, qui doit être ici l'angle donné.

On prend cette mesure sur cet angle du pentagone précédent, en décrivant l'arc *k l* que vous ferez ici à même hauteur; cet arc sera coupé par moitié par la diamétrale de l'angle du pentagone.

Soit *o* A N l'angle donné. Du point A faites à discrétion le demi-cercle E C.

Partagez le diamètre E C en trois parties égales D, B, C.

Elevez les perpendiculaires E F & D Q & B T & C G.

Prenez la mesure A *h*.

Portez cette mesure de B en *l*.

Faites l'arc *l* O.

De D en M, sans changer l'ouverture, décrivez l'arc M X.

Tirez la ligne X O.

Du point A & de l'intervalle *l* faites l'arc de l'angle donné *o l* M N.

Partagez la ligne X O en neuf parties égales.

Prenez la mesure d'une de ces parties ; portez-la de R en S sur la ligne O X.

Prenez la mesure de l'hypothenuse *r* S.

Portez - la neuf fois sur la portion de cercle N *o*.

Vous aurez l'angle du pentagone divisé en neuf parties égales, de chacune huit degrés.

Divisez une de ces neuf parties *f* N en deux également, & la moitié par moitié, & la derniere moitié aussi par moitié ; vous arriverez par ces divisions à un degré.

EXPLICATION.

L'angle d'un pentagone est de 72 degrés ; ainsi son arc divisé en neuf donne huit dégrés par chaque division ; car neuf fois huit font 72, & les neuf divisions de l'arc d'un pentagone font pour la totalité du cercle un polygone de 45 côtés, & les arcs des angles de ce Polygone font de chacun huit degrés : si on divise par moitié ces arcs, on aura un polygone de 90 côtés, & les arcs de ses angles auront chacun quatre degrés, & si on divise ces arcs par moitié, on aura

un polygone de cent quatre-vingt côtés, &
les arcs de ſes angles étant diviſés par moitié donneront un polygone de 360 côtés,
& les arcs de ſes angles auront chacun un
degré.

PROPOSITION XV.

CONSTRUCTION de la transformation géométrique du Cercle en Quarré & du Quarré en Cercle ; (nous diſons Transformation géométrique ; pour la diſtinguer de la prétendue quadrature métaphyſique du Cercle, qui n'eſt pas du reſſort de la Géométrie.)

FAITES le cercle L.

Tirez les quatre diamètres A O, D B, *m m*, *p q*, qui partagent la circonférence du cercle en huit parties égales.

Du point B & de l'ouverture E faites la portion de cercle G E F.

Prenez la meſure G F, portez-la de B ſur le diamètre B D au point œ.

Prenez la meſure B D, portez-la de œ en *d* ſur le même diamètre prolongé.

Du point E & de l'ouverture *d* faites le cercle K.

Des points a, b, c, d, où les deux diamètres prolongés coupent le cercle K, tirez les lignes ac, cb, bd, da.

Partagez la diagonale cd en trois parties égales par les cercles M, N, O.

Tirez le diamètre perpendiculaire du cercle M, vous aurez la partie 20 de la diagonale.

Partagez la moitié de la diamétrale de ce cercle en quatre parties égales, vous aurez les parties 19, 18, 17, 16 de la diagonale du quarré.

L'intervalle du point d à la partie 19 de la diagonale sera égal au diamètre du cercle L.

Du point d au point a faites la portion de cercle a 17 b.

La partie 17 de la diagonale sera égale au côté du quarré.

Si vous voulez transformer le *quarré* en *cercle*, tirez les diagonales du parallélograme rectangle c, a, n, n.

Chacune de ses diagonales sera égale au diamètre du cercle L.

De la section y des diagonales, à l'extrêmité de la diagonale c faites le cercle B, il sera égal au quarré dont le parallélograme est moitié.

Son diamètre sera égal au diamètre du cercle L ; par conséquent ces deux cercles feront égaux, & donneront l'un & l'autre le même quarré que par la conftruction précédente.

EXPLICATION.

Toutes les parties de cette conftruction naiffent les unes des autres, & fe mefurent réciproquement les unes par les autres.

Le diamètre donne la diagonale ; la diagonale donne le rapport du diamètre avec la circonférence du cercle.

Elle donne auffi le quarré.

Le quarré donne le rapport numérique de fon côté avec la diagonale.

Les 24 divifions de la diagonale répondent aux divifions d'un polygone de 60 côtés, qui divife la circonférence du cercle en 60 parties égales.

Donc les vingt parties de la diagonale du quarré, font à la circonférence comme 20 à 60.

La moitié de la diagonale a 12 divifions; ainfi elle eft le cinquiéme du polygone de 60 côtés ; car cinq fois 12 font 60.

Les divifions du polygone de 60 côtés font de 6 degrés ; car 6 fois 60 font 360 ; donc les 24 divifions de la diagonale font chacune auffi de 6 degrés.

Les douze divifions de la demi-diagonale

font égales à 72 degrés, & égales à deux cinquiémes du polygone de 60 côtés, qui font 144 degrés.

Le diamètre est à la diagonale comme 19 est à 24 : or 19 multiplié par 6 donnent 114.

Ainfi il s'en faut de fix degrés qu'il foit égal au tiers, parce que trois fois 114 ne font que 342 : donc il y a un *deficit* de 18 qui, partagés en trois font fix pour le diamètre.

Mais fi, au lieu de 19 divifions, vous en mettez 20, & que vous multipliiez 20 par 6 vous aurez 120 ; or trois fois 120 font 360 : ainfi les trois divifions contiennent le diamètre *Supplément.* & fon *fupplément* de fix degrés ; par conféquent le diamètre avec ce *fupplément* eft égal à un tiers de la circonférence du cercle.

PROPOSITION XVI.

CONSTRUCTION de la moyenne Proportionnelle égale au côté du quarré d'un Cercle donné.

SOIT le cercle Z dont on a tiré les deux diamètres AR, PT, qui fe coupent à angles droits.

Du point R & de l'intervalle E faites la portion de cercle H E I.

Prenez la mesure H I.

Portez-la de R sur le diamètre R A au point 19.

Prenez la mesure A R, portez-la de 19 en K.

Du point E au point K faites le grand cercle L.

Divisez la ligne L K en trois parties égales.

Partagez la derniere division L 16 en deux parties égales.

Le milieu f sera le point 20 de la ligne L K.

Prenez cette mesure K 20, portez - la trois fois sur la ligne A B.

Divisez la ligne A B en deux parties égales A C & C B.

Divisez la ligne A C en deux parties égales.

Du point F & de l'intervalle A F faites la portion de cercle A M C, coupant au point M la ligne P T prolongée vers N.

Divisez la ligne E C en deux parties égales.

Du point G milieu de cette ligne, & de l'intervalle A faites le demi-cercle A N O.

Du point M au point A tirez la ligne A M, elle sera égale à la ligne E N côté du quarré égal au cercle Z.

Partagez le quarré en deux parties égales.

Faites le parallélograme rectangle ab Q Y.

Tirez les deux diagonales a Y & b Q, se coupant au point C.

Du point c & de l'ouverture a faites le cercle $a\,b$ Y Q.

Il sera égal au cercle fondamental Z, & le diagonales seront égales au diamètre A R.

Cette derniere construction a besoin d'être démontrée; ainsi elle doit être renvoyée au troisiéme Chapitre des *Problémes.* On ne la place ici que pour montrer la conformité de ses rapports avec ceux de la construction précédente.

Tirez dans le quarré les deux diagonales E Y & N Q.

Du point de section D pris pour centre décrivez le cercle F, qui sera égal au cercle Z.

Donc ici les mesures du *cercle* & du *quarré* sont les mêmes que dans la construction précédente.

PROJET

DE NOUVEAUX ÉLÉMENS

DE GÉOMÉTRIE.

SECONDE PARTIE.

PROBLÈMES ou solutions des différens cas géométriques, proposés selon des circonstances déterminées & des mesures données : Ce qu'il faut trouver & démontrer directement par les rapports décisifs des notions & figures primitives géométriques & évidentes par elles-mêmes, afin d'éviter les notions indéterminées, la multiplicité inutile des règles factices, les fausses applications du calcul & les renvois qui embarrassent les Eleves dans l'Etude de la Géométrie, & qui obscurcissent la théorie de cette science.

Les Problêmes peuvent se réduire à sept Chapitres.

CHAPITRE PREMIER.

Construction des figures géométriques sur des mesures données.

CHAPITRE II.

Les Polygones inscrits & circonscrits au Cercle.

CHAPITRE III.

La transfiguration des plans, en conservant leur même étendue de surface.

CHAPITRE IV.

Additions & retranchemens aux plans, avec leurs rapports correlatifs.

CHAPITRE V.

Des mesures des périmètres, & des surfaces des plans.

CHAPITRE VI.

De la Trigonométrie.

CHAPITRE VII.

Des Problémes solides ou de trois dimensions.

CHAPITRE

CHAPITRE PREMIER.

Constructions des figures géométriques sur des mesures données.

PROBLÊME I.

Construire un triangle équilatéral sur une mesure donnée.

SOIT A B la ligne donnée.

Du point A & de l'intervalle A B.

Du point B, & du même intervalle, faites la section *c*.

Tirez les lignes A C & B C.

DÉMONSTRATION.

Tirez les diamétrales A G & B F & C E.

Du point de section D à un des angles A décrivez le cercle A B C, qui donnera à chacun des côtés du triangle un arc de 120 degrés. Donc les trois côtés de ce triangle sont égaux.

PROBLÊME II.

Construire un Triangle équilatéral sur le tiers d'une ligne donnée.

SOIT E D la ligne donnée.

K

Divisez-la en trois parties égales en A B.

Du point A & de l'ouverture A B, faites le cercle G.

Du point B, & de la même ouverture de compas, faites le cercle E.

Du point C au point A tirez la ligne A C.

Du point C au point B tirez la ligne C B.

DÉMONSTRATION.

Les trois côtés du triangle A B C sont des rayons de deux cercles égaux E , G, qui se croisent de la circonférence au centre : or les rayons de cercles égaux sont égaux : Donc les trois côtés A B & C B & C A sont égaux. Deux cercles qui se croisent de la circonférence au centre, partagent en trois parties égales la ligne qui va de leurs centres à leurs circonférences ; ainsi le triangle équilatéral est établi sur le tiers de la ligne F D.

PROBLÊME III.

Former un quarré sur la base du Triangle A B C, qui ait chacun de ses côtés égaux à chacun des côtés du Triangle A B C.

PROLONGEZ la base A B jusqu'au cercle

G en H, & jufqu'au cercle E en F.

Cette ligne fera triple de la bafe A B.

De l'extrêmité A de cette bafe, élevez une perpendiculaire, qui coupera par moitié le demi-cercle en L.

De l'extrêmité B élevez une perpendiculaire, qui coupera par la moitié le demi-cercle en I.

Tirez la ligne L I aux points où les perpendiculaires coupent les cercles.

Or le côté A L & le côté B I du quarré font des rayons.

Les côtés du triangle font auffi des rayons : donc les côtés du quarré & les côtés du triangle font égaux.

PROBLÊME IV.

Sur une Diagonale donnée G I faire deux Quarrés, dont l'un foit infcrit & l'autre circonfcrit à un même Cercle.

CONSTRUCTION

Soit la ligne G I la diagonale donnée.

Divifez-la en deux également par la ligne H F égale à G I.

Tirez les lignes H I & I F & F G & G H.

Divisez un des côtés quelconque comme G H, en deux également par la ligne F E.

Du point E & de l'intervalle E F pour rayon décrivez le cercle A B C D.

Tirez les lignes A B & B D & D C & C A.

DÉMONSTRATION.

Les côtés du quarré H I F G sont des tangentes du cercle A B C D.

Et les côtés du quarré A B C D sont des cordes d'arcs de 90 degrés du même cercle ; ainsi le premier est circonscrit, & le second inscrit au même cercle A B C E.

SCHOLIE.

Dans cette construction, le quarré circonscrit H I F G est toujours double du quarré inscrit A B C D, parce que la diagonale A C du dernier est toujours le côté du premier ; ce qui sera démontré Chapitre IV des Problêmes.

&c.

Corrections & Additions.

PAGE 7, *lig.* 28. équivalent, *lif.* équivalens.

P. 14, *lig.* 25. *l'hypotenuſe*, liſez *l'hypotenuſe & à l'échelle des trois quarrés duplicatifs & réduplicatifs* (Pl. II. fig. 2.)

P. 16, *ligne* 8. diagonale, *liſez* diagonale d'un quarré.

P. 20, *ligne* 30. & la diagonale *cp*, *liſez* & le côté *p d.*

P. 21, *ligne* 2. œ K, *liſez* œ K égale à j a.

P. 22, *ligne* 24. nos idées, *liſez* les idées.

Id. *ligne* 28. par les effets, *liſez* par les effets des cauſes &

P. 26, *ligne* 12. qui ſont, *liſez* qui lui ſont.

Id. *ligne* 18. des points réels ſenſibles, *liſez* des points ſenſibles.

P. 31, *lig.* 27. outre la ligne, *lif.* entre la ligne.

P. 35, *ligne* 14. petit c & grand C, *liſez* petit c grand C.

P. 43, *ligne* 12. quarrés Y, Z K, *liſez* quarrés duplicatifs & réduplicatifs Y, Z K.

Id. *ligne* 19. meſure de ſurface quarrée, *liſez* meſure de la ſurface d'un quarré double.

Id. *ligne* 23. quadrupe 34, *liſez* quadrupe Y, 34.

P. 59, *ligne* 2. dôté, *liſez* côté.

Id. *ligne* 15. iſoſcele égal à, *liſez* iſoſcele par ſes côtés égal à.

Id. *ligne* 26. double du, *liſez* double de la baſe du

P. 65, *ligne* 28. de Géomètres Arpenteurs, *liſez* de Géomètres.

P. 74, *ligne* 5. ne peut pas fournir, *liſez* ne peut fournir.

Page 75, *ligne* 20. erreur proportionnelle, *lif.*
erreur de calcul proportionnelle.
P. 76, *ligne* 5. l'attraction qui , *lifez* l'attraction
impuiſſante ſur les corps en repos qui.
P. 80, *ligne* 27. la matiete , *lifez* la matiere.
P. 81, *ligne* 9. ces parties , *lifez* ſes parties.
P. 82, *ligne* 2. & une , *lifez* & d'une.
P. 88, *ligne* 1. idées pour l'évidence , & qu'il
lifez idées fictices pour l'évidence , qu'il.
Id. *ligne* 5. d'avec les autres genres de quantités,
lifez d'avec d'autres genres de quantités indé-
terminables.
P. 89, *ligne* 19. ponctué I K , *lifez* ponctué K.
P. 93, *ligne* 13. fermeroit , *lifez* formeroit.
P. 106, *ligne* 28. & leur évite , *lifez* & évite.
P. 121, *ligne* 16. omologue , *lifez* homologue.
P. 122, *ligne* 11. arcs omologues , *lifez* arcs
homologues.
Id. *ligne* 12. omologues , *lifez* homologues.
Id. *ligne* 21. omologués , *lifez* homologues.

FAUTES à _corriger aux_ Principes _de_
Géométrie, & sur-tout à la Proposition V,
Page 112.

Page 109, _lig._ 17. & d a d, _lis._ & d a c.
P. 110, _lig._ 11. A C, _lis._ a e.
Id. _lig._ 20, isosceles égaux ; _lis._ isosceles égaux,
(on peut appeller un angle isoscele quand il
est fermé par l'arc qui le mesure, car alors on
juge de son ouverture & de la longueur de
ses côtés).
P. 112, _ligne_ 2. F B, _lisez_ E B.
P. 114, _ligne_ 5. M B, _lisez_ E B.
Id. _ligne_ 6. B G M, _lisez_ E A B.
Id. _ligne_ Id. & G B est, _lisez_ & la moitié G B de
cette hypotenuse est.
Id. _lignes_ 7, 8 & 9. _effacez_ de l'angle droit
B G M qui se termine à l'extrêmité B de l'hy-
potenuse B M , & _lisez_ de l'arc M B.
Id. _ligne_ 15. I A B, _lisez_ G A B.
P. 115, _ligne_ 12. paralleles D X , _lisez_ paral-
leles d'égale longueur D X.
P. 120, _ligne_ 1. K F, _lisez_ K E.
P. 125, _ligne_ 19. l'agle, _lisez_ l'angle.
P. 126, _ligne_ 4. ou, _lisez_ au.
P. 130, _ligne_ 5. F E, _lisez_ f e.
Id. _ligne_ 24. j q, q p, _lisez_ j p p h.
Id. _ligne_ 25. p h, _lisez_ h.
P. 131, _lignes_ 4, 6, 11. q, _lisez_ p.
Id. _ligne_ 8. r, _lisez_ c.
Id. _lignes_ 9, 17, 19. &c. _lisez_ &.
P. 132, _ligne_ 4. q, _lisez_ p.
P. 133, _lignes_ 7, 12, 16, 18. &c. _lisez_ &.
P. 134, _ligne_ 14. o, _lisez_ q.

P. 135, *lignes* 2, 9. o, *lisez* q.

P. 137, *ligne* 25. y, *lisez* g.

P. 141, *lignes* 8, 9, 12, 23. Y, *lisez* V.

Id. lignes 10, 11. c, *lisez* g.

P. 145, *ligne* 22. E, *lisez* F.

P. 148, *ligne* 2. G H, *lisez* A B.

Id. ligne 2. la ligne E E, *lisez* la ligne établie sur G F, & de ce point au point E pris pour centre.

Id. lignes 3 & 4. *effacez* Du point E & de l'intervalle E F pour rayon.

Id. ligne 13. A B G E, *lisez* A B C D.

Id. ligne 18. A C, *lisez* A D.

Id. ligne id. dernier, *lisez* quarré inscrit.

Id. ligne 19. premier, *lisez* quarré circonscrit.

e fur
pour
l'in-
rit.

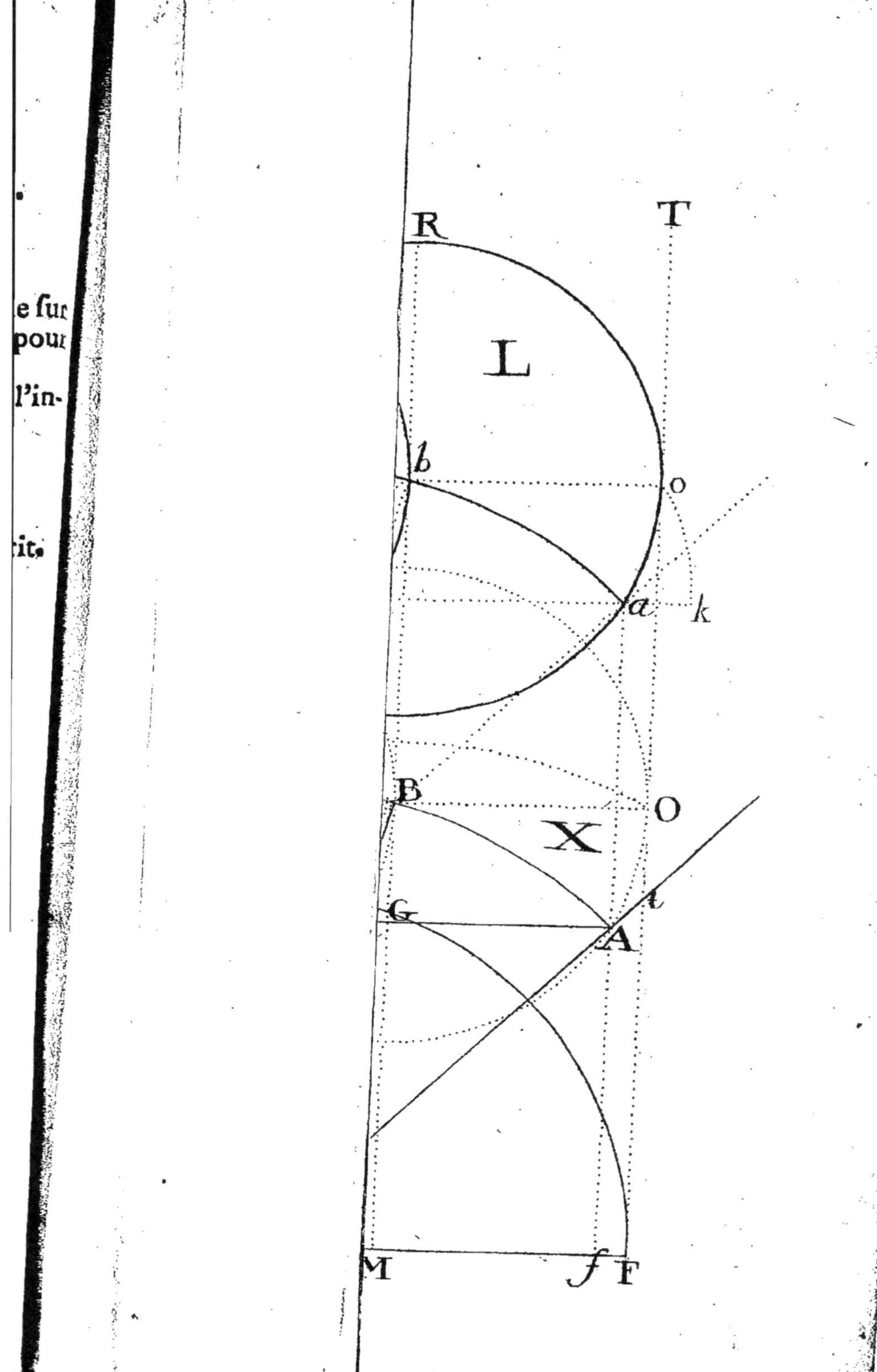
R
T
L
b
o
a
k
B
O
X
G
t
A
M
f F

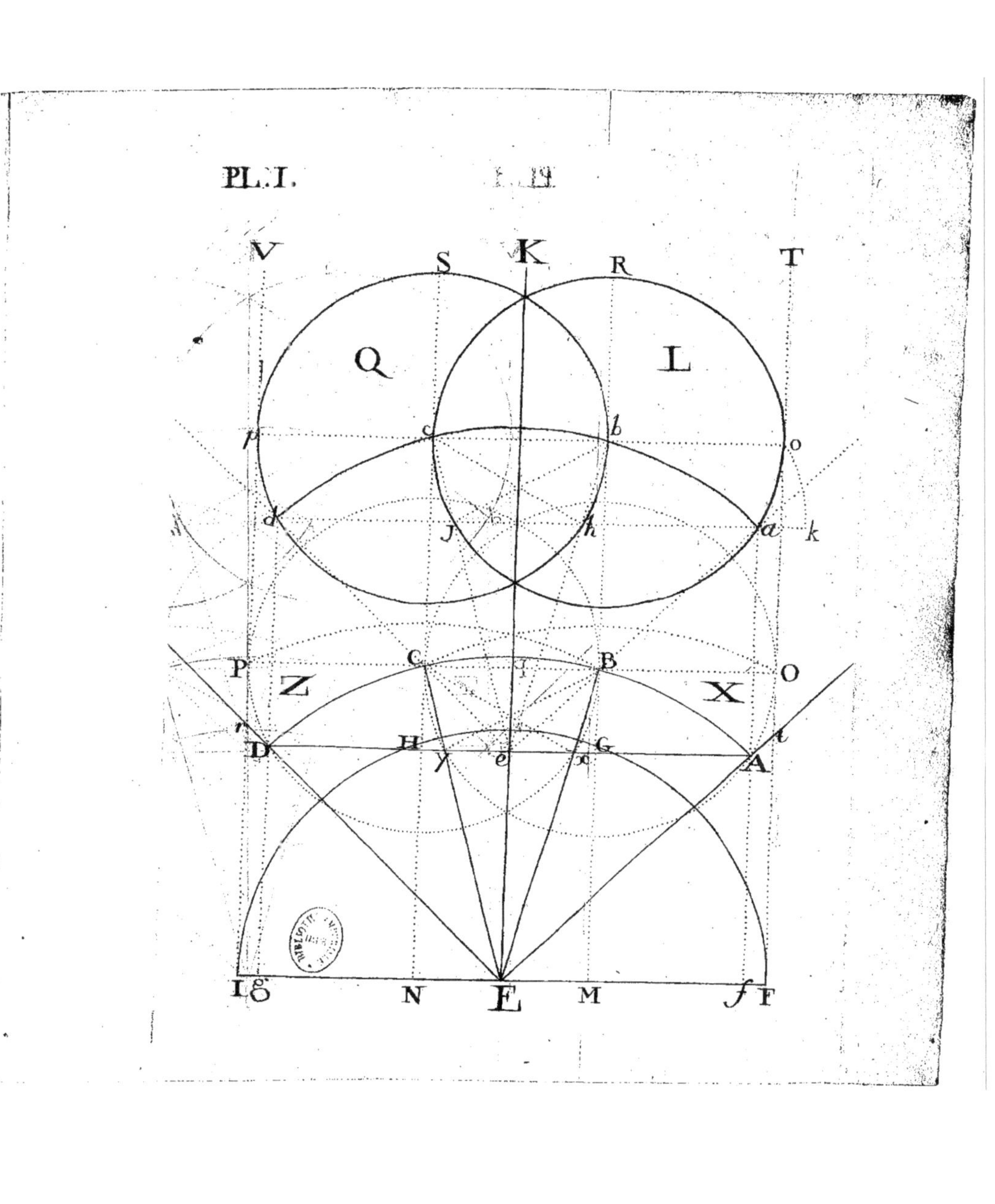
PL. I.
V S K R T
Q L
p c b o
d J h a k
P Z C B O X
r D H y e x G t A
I g N E M f F

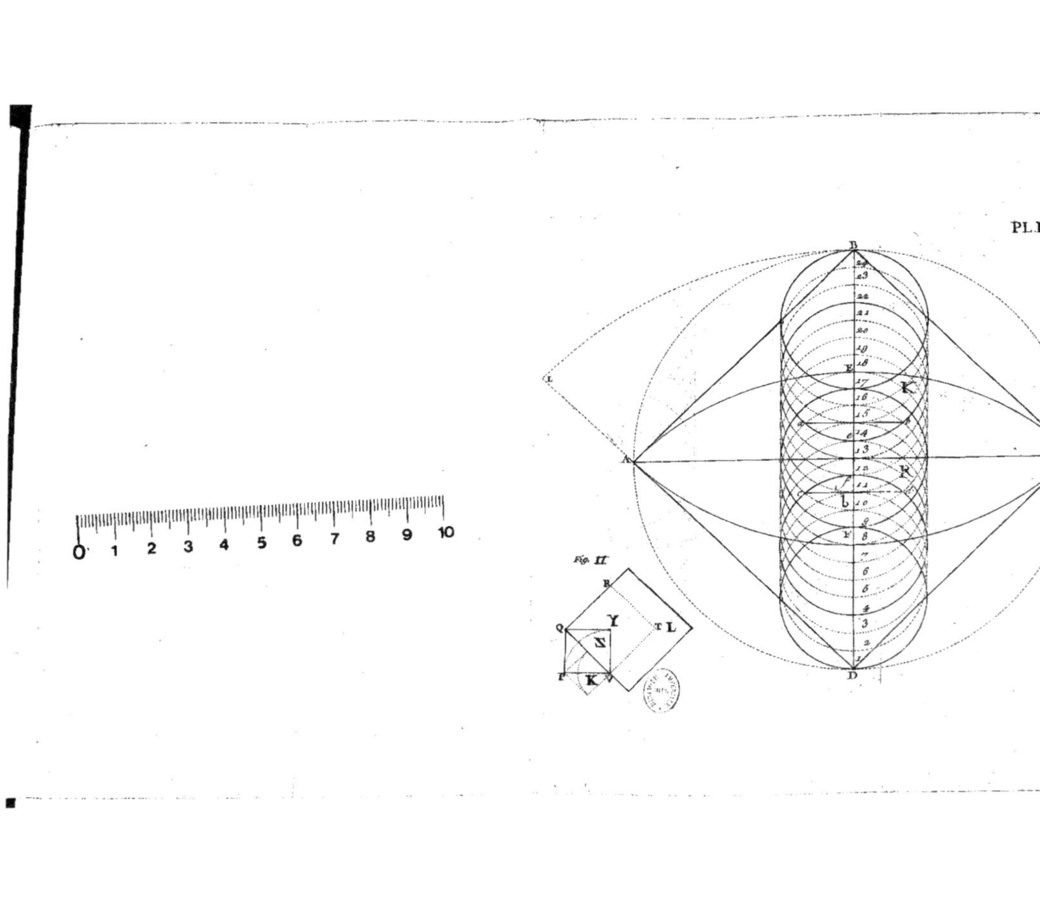
Fig. II

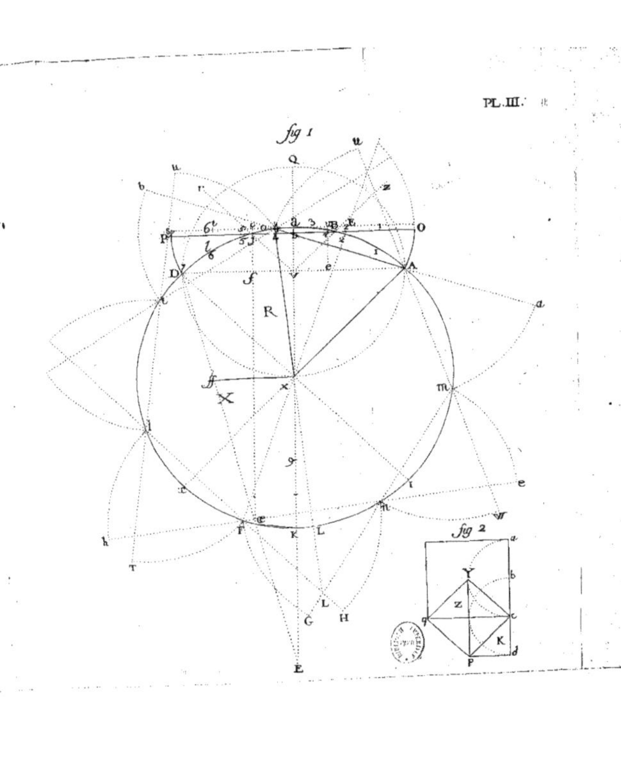

fig 1
fig 2

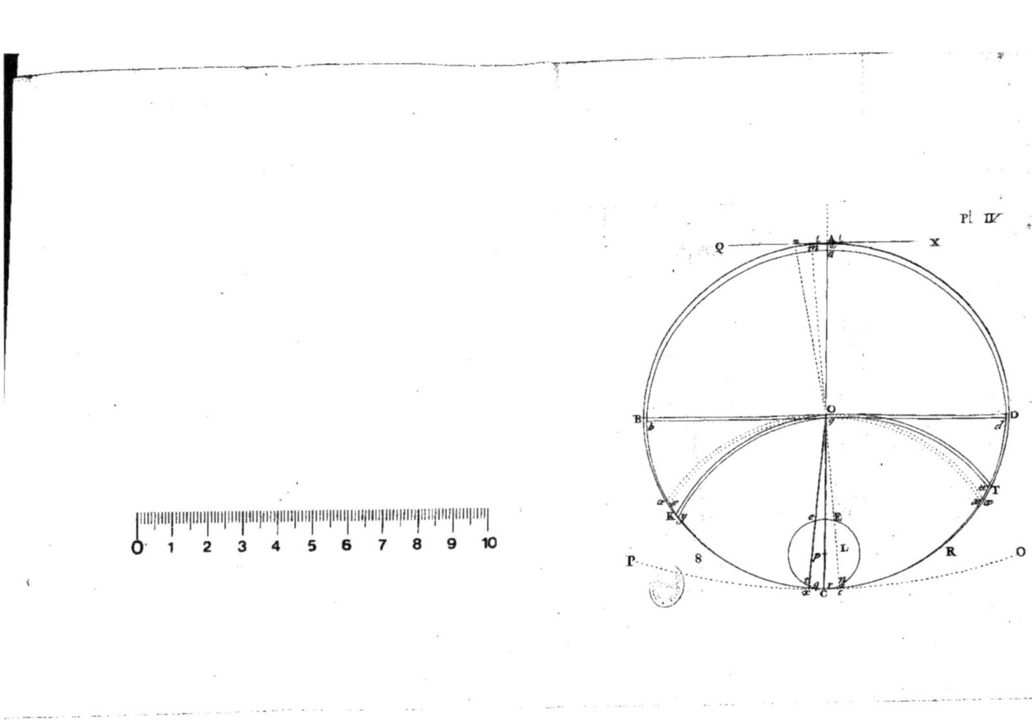
Pl. IV
Q
X
B
D
O
T
K
P
8
R
O
L

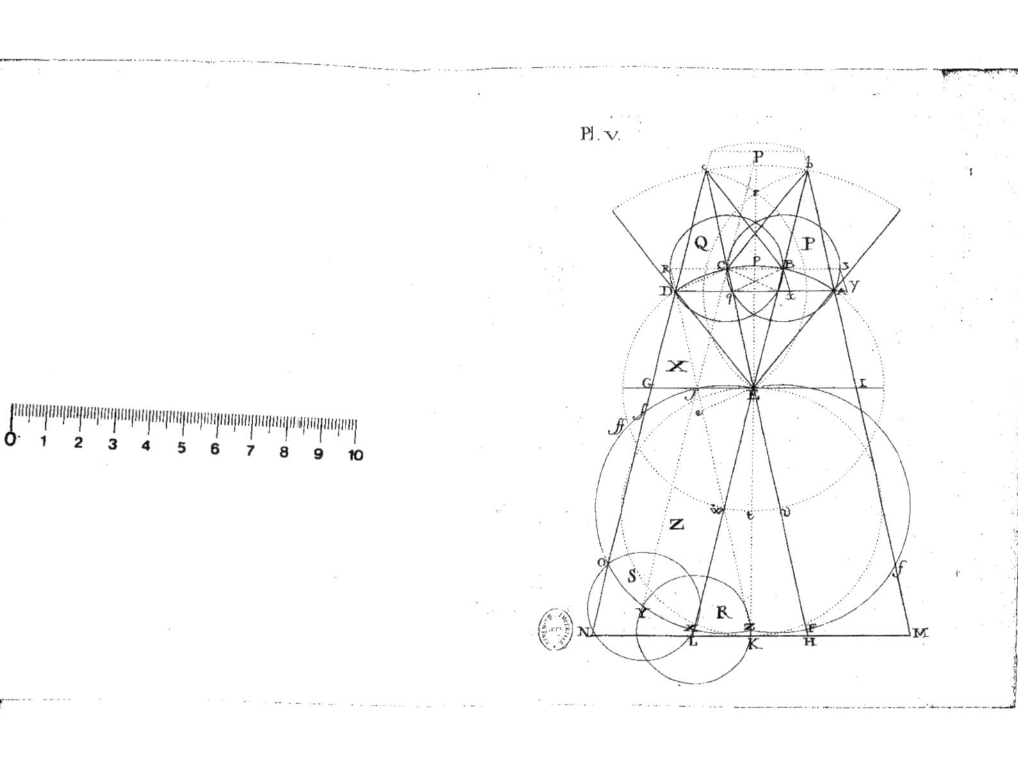

Pl. V.

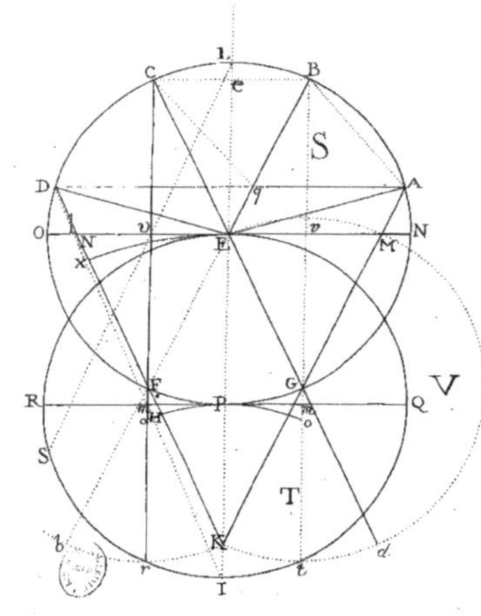
S
V
T
A
B
C
D
E
F
G
I
K
M
N
O
P
Q
R
N

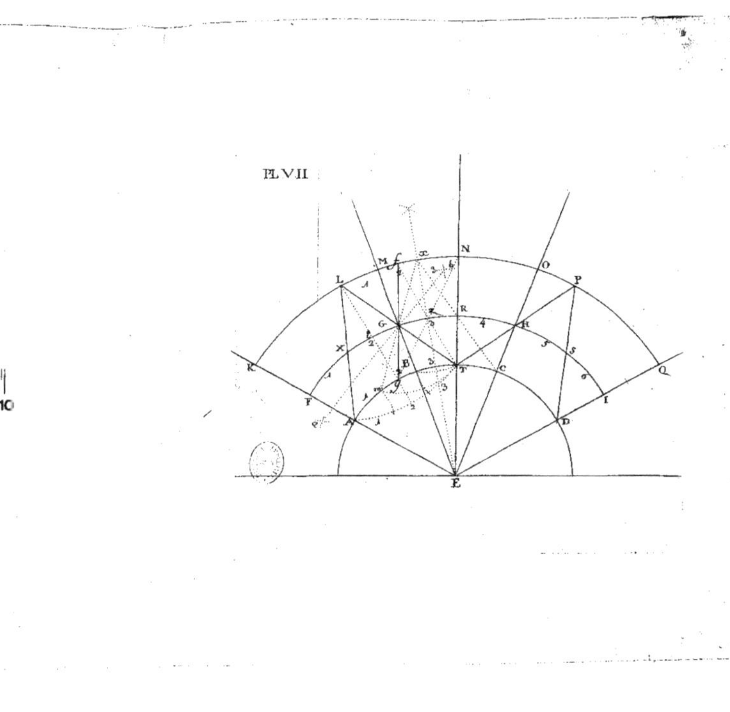
PL.VII

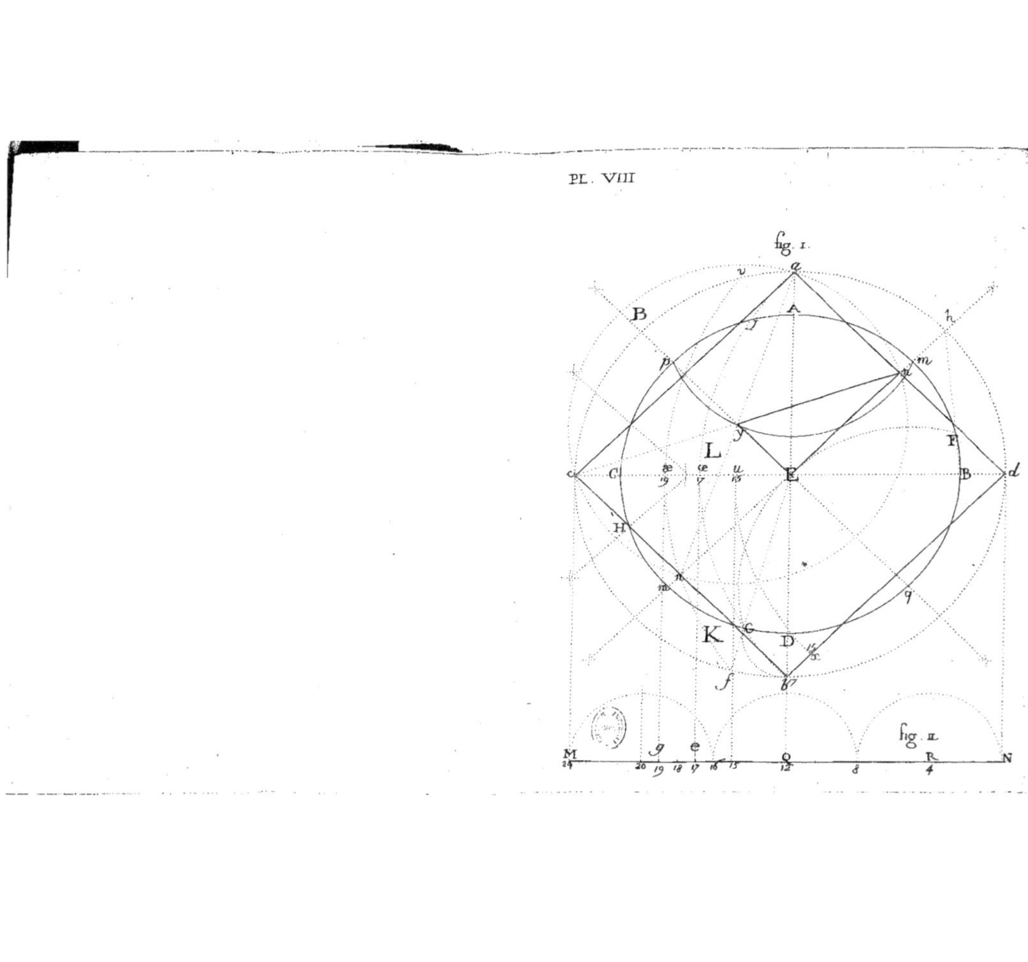

fig. I.
A
B
fig. II

Pl. IX
A
B
C

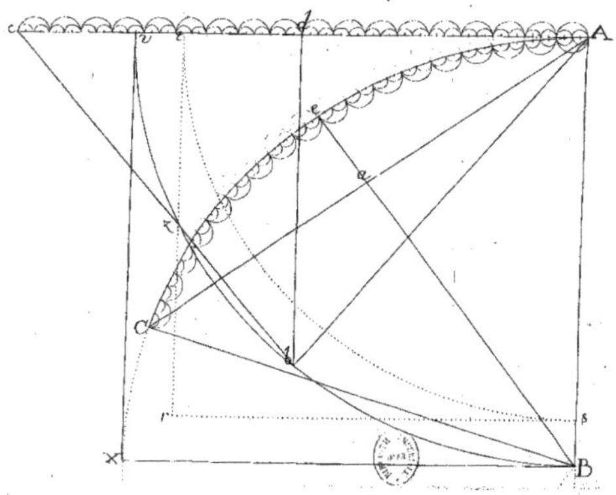

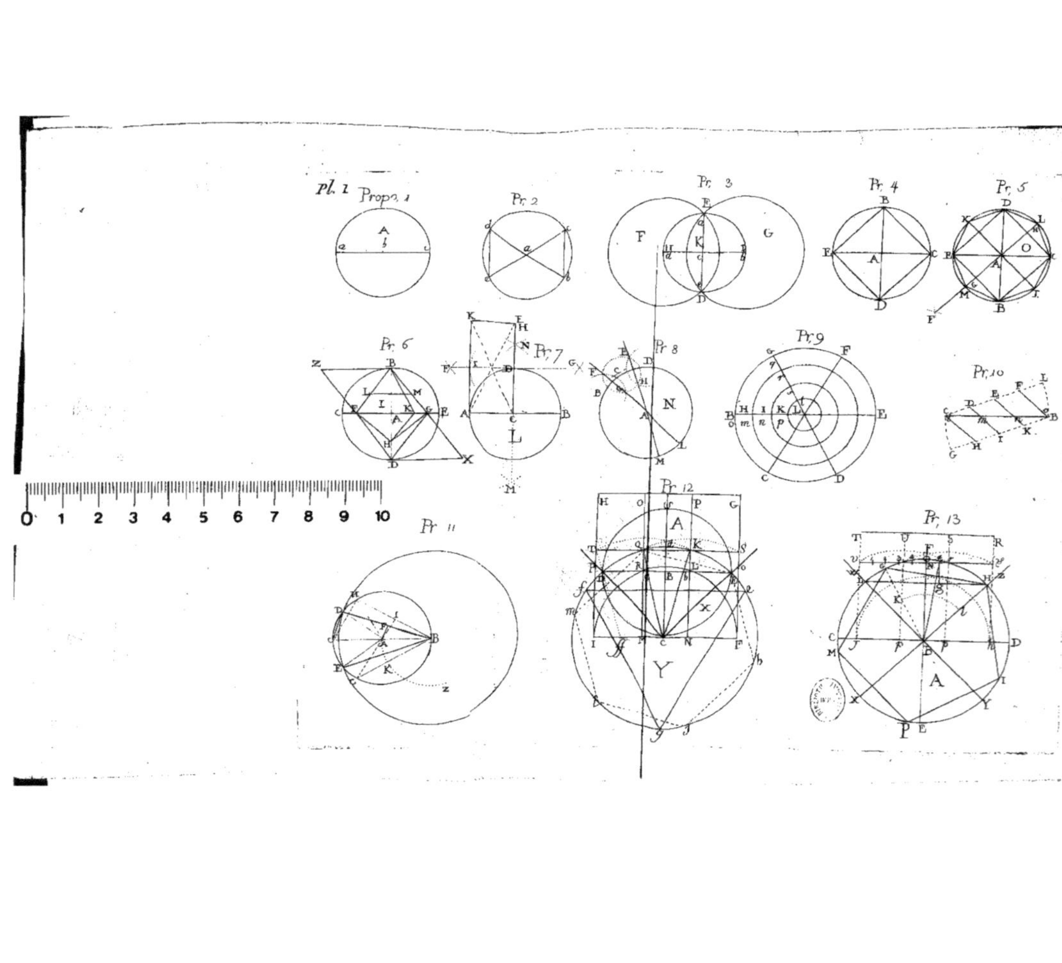
Pl. 1 Propo. 1
Pr. 2
Pr. 3
Pr. 4
Pr. 5
Pr. 6
Pr. 7
Pr. 8
Pr. 9
Pr. 10
Pr. 11
Pr. 12
Pr. 13
0 1 2 3 4 5 6 7 8 9 10

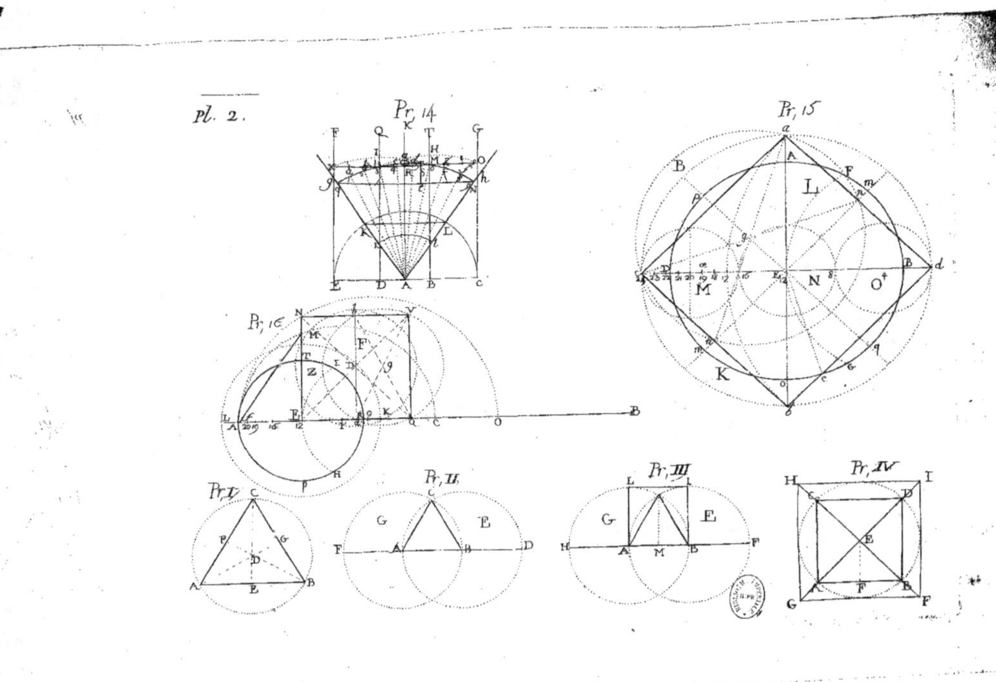

* 9 7 8 2 0 1 4 4 2 9 0 2 2 *